四川省科技厅项目　“川菜特色复合调味料的标准化研究及产业化示范”资助成果

味之道

川菜味型与调味料研究

顾　问◇卢　一
主　编◇杜　莉　陈祖明
副主编◇陈丽兰　王胜鹏

四川科学技术出版社
·成都·

图书在版编目（CIP）数据

味之道：川菜味型与调味料研究 / 杜莉，陈祖明主编. -- 成都：四川科学技术出版社，2022.6
ISBN 978-7-5727-0554-0

Ⅰ.①味… Ⅱ.①杜… ②陈… Ⅲ.①川菜—调味料—研究 Ⅳ.①TS972.182.71

中国版本图书馆CIP数据核字(2022)第082000号

味之道——川菜味型与调味料研究

WEI ZHI DAO—CHUANCAI WEIXING YU TIAOWEILIAO YANJIU

主　编◇杜　莉　陈祖明
副主编◇陈丽兰　王胜鹏

出 品 人　程佳月
责任编辑　刘涌泉
封面设计　程蓉伟
装帧设计　程蓉伟
封面摄影　田道华
责任印制　欧晓春
出版发行　四川科学技术出版社
成都市锦江区三色路238号 邮政编码 610023
官方微博：http：//e.weibo.com/sckjcbs
官方微信公众号：sckjcbs
传真：028-86361756
成品尺寸　170mm × 240mm
印张 17　字数 340千　插页 2
制　　作　成都华桐美术设计有限公司
印　　刷　成都市金雅迪彩色印刷有限公司
版　　次　2022年6月第1版
印　　次　2022年6月第1次印刷
书　　号　ISBN 978-7-5727-0554-0
定　　价　50.00元

地址：四川 · 成都市锦江区三色路238号新华之星A座25层
电话：028—86361758　邮编：610023
如需购本书请与本社发行部联系

厨者之作料，如妇人之衣服首饰也。虽有天姿，虽善涂抹，而敝衣蓝缕，西子亦难以为容。善烹调者，酱用伏酱，先尝甘否；油用香油，须审生熟；酒用酒酿，应去糟粕；醋用米醋，须求清冽。

——清代袁枚《随园食单》

序言

有品味的生活

川菜以味型多样且善于调味而著称。川菜独有的味型有麻辣、家常、椒麻、鱼香、豆瓣、怪味等，而其调味更是方法多样，变化多端。从时间顺序看，有加热烹饪前、加热烹饪中和加热烹饪后调味；从使用调味品种类看，有单一调味料调味，也有复合调味料调味；从调味频次看，有一次性调味，也有多次调味。尤为重要的是通过调味，可以增加食材鲜香味，降低腥臊味，达到调和而成的美味。

川菜有许多独特的调味品，但什么才是川菜的核心调味品呢？换句话说用了这些调味品的菜肴，就一定可以叫川菜。辣椒在川菜调味中应用很广，但它不是川菜核心调味品，因为国内湖南、贵州、陕西等省及国外墨西哥、印度和北非等地都在广泛地使用各种辣椒调味。在我看来，第一是花椒。花椒及其产品作为滋味调味品，在全世界范围内只有川菜最善于使用，没有之一，是唯一。第二是郫县豆瓣。郫县豆瓣用豆瓣和辣椒经过发酵工艺处理，在成都特殊的气候和微生物种群的作用下形成了浓郁的酱香味和厚重辣味，而不像单用辣椒显得薄燥。川菜的豆瓣味和家常

味都离不开郫县豆瓣。第三是泡辣椒。辣椒经过乳酸发酵而形成具有浓厚酸辣味的泡辣椒，它是川菜鱼香味的核心调味品。

品味美食是需要知识和经验的。品味川菜更是如此。因为川菜的味及味的组合，是浓淡相间、起伏有序的，浓烈如疾风暴雨，清淡如云淡风轻，时而像洪流狂泻，时而像镜湖无涟。川菜本身更像一首大型交响乐，有主旋律，也有和声和协奏。因此，品味川菜也更需要学习和实践。杜莉教授、陈祖明教授等编撰的《味之道——川菜味型与调味料研究》，有助于引导您品鉴川菜，享受美食。

品味生活是需要修养和境界的。做有品味的人，建有品味的大学，读有品味的书，交有品味的友，都是人生快事，也是社会文明的重要基石。川菜是中华饮食文化的重要组成部分，传承和弘扬川菜及中华饮食文化是我们共同的责任。

愿您拥有有品味的生活。是为序。

卢 一

2022年2月20日于廊桥南岸小鲜书屋

（世界中餐联合会国际烹饪教育分会主席、四川省川菜标准化技术委员会主任）

前言

古人常说“知易行难”“知行合一”，但是，孙中山先生在《建国方略》中却提出“知难行易”，并且举出十事加以证明，饮食即是其中之一。他指出，“夫饮食者，至寻常、至易行之事也，亦人生至重要之事而不可一日或缺者也。凡一切人类、物类皆能行之”，“然吾人试以饮食一事，反躬自问，究能知其底蕴者乎？”他总结说“饮食之事，乃天性使然，故有终身行之而不知其道者”。中国菜以味道丰富而闻名世界，深受世界各国人民喜爱。清朝徐珂《清稗类钞》对比中西饮食时言：“我国食品宜于口，以有味可辨也。日本食品宜于目，以陈设时有色可观也。欧洲食品宜于鼻，以烹饪有香可闻也。”在中国著名菜系中，川菜又以善于调味、味型最多著称，有“食在中国，味在四川”之誉，但对于川菜之味的研究和理论认知却较少。

川菜起源于古代的巴国和蜀国，在汉晋时就已形成初期轮廓，开始显现出川菜的基本风格，晋代常璩在《华阳国志·蜀志》中总结为“尚滋味”“好辛香”，即崇尚味道，尤其喜爱辛辣、刺激和芳香之味。此后，“尚滋味”“好辛香”作为川菜的基本风味特点逐渐成为传统，代代相延。而川菜善于调味、味型丰富的特点形成及发展，则源于巴蜀地区丰富和独特的物产与移民文化包容创新的双重作用，不仅与巴蜀地区丰富、独特的调味料密切相关，也与巴蜀人民对调味料的创新加工与精妙运用密切相关。在巴蜀地区历史上，大规模的人口迁移共有6次，促使各地区和各民族的人在此共同生活。移民既带入了他们原有的饮食习俗、烹调技艺，又受到原住居民饮食习俗的影响，互相交流、口味融合，形成并发展为巴蜀地区动态、丰富的口味。同时，讲究饮食滋味的巴蜀地区人民十分注重培育优良的种植调味料和加工生产高质量的酿造调味料，并以此为良好物质基础再进行精心烹调，使川菜具有了善于调味、味道丰富的特点。如今，川菜在调味料品种及调味技术与方式上不断创新发展，不仅使用传统的基本调味料进行一次性调味，而且不断增加使用创新复合调味料进行分阶段、多次调味，使得其风味特色进一步强化和凸显，菜品调味的方便性、风味品质的稳定性不断加强。可以说，川菜调味技术实践历史悠久、丰富全面且成效显著。但是，相比之下，关于川菜调味技术理论与规律等调味之道的研究却短暂而零散，主要是中华人民共和国成立以后，特别是改革开放以来才有一些烹饪书籍和相关论文涉及。以书籍而言，20世纪80年代编撰出版的《川菜烹饪事典》首次较为系统梳理、总结并以词条形式阐述川菜相关的调味料、常用味型及其特点等，《川菜烹饪学》《川菜厨艺大全》《四川省志·川菜志》等书籍也对川菜的味型、调味料及调味方法等有所阐述，但一直还缺乏一本以川菜之味为主要研究对象和研究内容的书籍面世。这似乎再一次证明了孙中山先生所言饮食之事“行之非艰，知之实惟艰也”。

为了弥补关于川菜之味研究的不足，也为了将川菜调味料的研发与运用、调味技术理论与实践紧密联动，给川菜烹调者和爱好者提供“知行合一”的参考，我们近年来着重开展了相关研究，现结合《川菜烹饪工艺规范》的研究制订和四川省科技厅项目“川菜特色复合调味料的标准化研究及产业化示范”等相关研究成果，编撰《味之道——川菜味型与调味料研究》一书。全书分为四章：第一章绪论，主要阐述味型与调味料的概念、类别，以及川菜调味料的运用历史与发展趋势等内容。第二章川菜之味与复合味型调制规范，在阐述单一味与复合味、味型与复合味型，以及调味原理、调味方法与原则等基础上，结合调味技术理论与实践、食品标准化研制方法等，阐述川菜常用复合味型及创新复合味的调制规范（方法）及相关菜品烹调的典型案例。第三章川菜基本调味料的运用历史，以川菜的基本味为依据，分类对川菜常见基本调味料的运用历史进行系统梳理、总结和论述。第四章川菜复合调味料的制作及运用，首先分类阐述川菜现有预制复合调味料的调制配方、工艺及川菜菜品烹调运用案例；其次结合川菜烹饪技术原理及方法、食品标准化加工技术等，提出川菜特色复合调味料的研制技术路线、工业化加工制作方式，并分类阐述一些川菜创新复合调味料的配方、制法、要求及烹调运用案例。全书力求做到三个结合：一是传统与现代结合，即传统手工与机器加工结合，历史文化与现代科技结合；二是传承与创新结合，即自然科学与社会科学融合；三是理论与实践结合，即有关味、调味料及调味的理论与125个菜品烹调案例结合，以此促进川菜味型的发展和风味特色的进一步传承与弘扬。

本书是集体辛勤劳动的成果。第一章和第三章由杜莉、王胜鹏编撰完成，第二章、第四章由陈祖明、陈丽兰完成。杜莉负责全书的总体框架设计和统稿。需要特别说明的有两点：第一，关于川菜标准化以及特色调味料研究是在四川旅游学院校长卢一教授的领导和推动下开展的，得到学院相关专家学者和烹饪大师、名师等的支持及参与，同时在本书的编撰过程中也参考借鉴了一些相关专家学者的研究成果，在此一并表示衷心感谢！第二，川菜以味见长、以味著称，但在川菜之味上行不易、知更难，由于时间、能力和相关理论研究与实践等所限，本书虽经反复修改，还会有疏漏不当之处，仅做引玉之砖，敬请专家学者、川菜烹饪实践者和读者等给予指正。

2022年2月

编　者

目录

第一章 绪 论

第二章 川菜之味与复合味型调制规范

第三章　川菜基本调味料的运用历史

味之道

——川菜味型与调味料研究

咸鲜味型

煳辣味型

酸辣味型

茄汁味型

椒麻味型

怪味味型

麻辣味型

红油味型

鱼香味型

五香味型

酱香味型

麻酱味型

蒜泥味型

芥末味型

糖醋味型

姜汁味型

家常味型

咸甜味型

荔枝味型

陈皮味型

甜香味型

香糟味型

椒盐味型

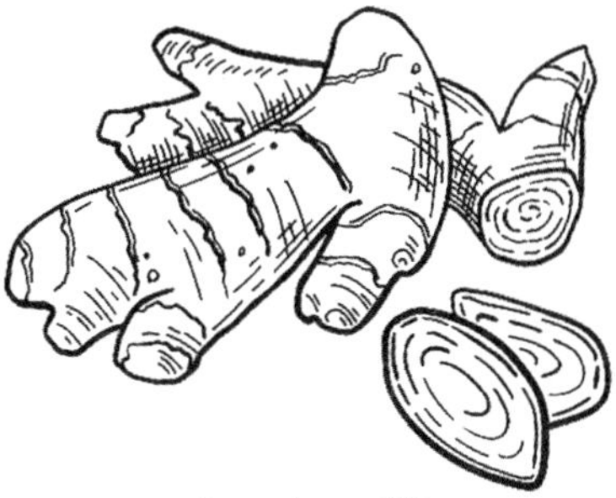

第一章 绪论

川菜，是中国最著名的地方风味流派之一，是巴蜀地区人民在漫长的烹饪实践中创造的，因巴蜀地区在历史上长期称为“四川”而得名。它取材广泛、调味精妙、烹饪方法多样、菜品适应性强，尤其在风味上形成了清鲜醇浓并重、善用麻辣的特色，常用的复合味型有24种，一菜一格，百菜百味，有“食在中国，味在四川”之誉。通过仔细分析可知，川菜味型丰富、“一菜一格，百菜百味”的原因主要有两个方面：一是巴蜀地区拥有十分丰富的种植和不断创制的优质特色调味料，二是巴蜀人民对这些丰富而独特的调味料所进行的精心巧妙运用。可以说，巴蜀地区丰富独特的调味料是川菜味型多变的物质基础，而川菜多变味型则是巴蜀人民精妙运用丰富独特调味料的智慧结晶。

一、味与调味料的相关概念及类别

（一）味的相关概念及类别

关于“味”的概念，有狭义和广义之分。狭义而言，“味”是食物刺激人的味觉或嗅觉受体而产生的综合生理响应，主要是指食物刺激人的感官而引起的化学感觉。汉代许慎《说文解字》言：“味，滋味也。从口，未声”。味，本义是指滋味、味道，即物质所具有的能使舌头得到某种感觉的特性，如辛、酸、甘、苦、咸等滋味；后来，也引申指物质所具有的能使鼻子得到某种感觉的特性，如香、臭等气味。从广义看，“味”是食物刺激多种感觉器官而产生的综合的生理响应，是食物刺激人的感官而引起的非常复杂的感觉，既包括化学味觉，也包括物理味觉、心理味觉等。而味型，简单地说，即指味的类型、样式。《说文解字》言：“型，铸器之法也。从土，荆（刑）声。”型，本义是指铸造器物用的模子，引申指类型、样式。复合味型即是由两种或两种以上调味料调和而成的、具有本质特征的一种风味类型或样式。对于川菜而言，常见的化学基本味即单一味主要有8种，包括咸、鲜、麻、辣、酸、甜、香、苦；常见的复合味型有24种，包括麻辣味型、鱼香味型、怪味味型等。每一种味型都是用多种调味料巧妙调制、将多种滋味与气味集合在一起所形成的具有本质特征且较为公认的一种风味类型或样式。此外，在川菜业界还有“复合味”的称谓。有时，“复合味”的含义等同于“复合味型”；有时，“复合味”则介于“味”与“复合味型”之间，是指多种调味料调制后所形成、但缺乏本质特征、还未得到较为公认的味道类型，是味的集合体，常用一种风味突出的调味料来命名，如藤椒味、野山椒味、藿香味等。因此，本书采用狭义的味的概念，主要聚焦于化学之味，以研究和阐述川菜调味之道与复合味型调制及调味料运用等内容。

（二）调味料的概念及类别

调味料，是调料的一大类别。陈学智主编的《中国烹饪文化大典》中指出，调料，是“在食品、烹饪加工过程中使用量比较少，但对食品的色、香、味、质等风味特色起到重要调配作用的一类原料”，主要包括调味料、调色料、调质料等；调味料，又称调味品，是“在食品加工及烹饪过程中广泛使用的，用以去腥、除膻、解腻、增香、调配滋味的一类调料”。调味料品种繁多，可以按照其味道、形态、制作工具与加工方式、用途和使用数量等进行分类。按照味道不同，可分为咸味调味料、鲜味调味料、甜味调味料、酸味调味料、辣味调味料、麻味调味料、香味调味料。按照调味料形态不同，可分为液态调味料、固态调味料等，其下又分为粉状调味料、酱状调味料、油状调味料、块状调味料、调味汁、汤汁调味料等。按照调味料的制作工具不同，可以分为手工调味料、工业化调味料等。按照调味料的加工方式不同，可以分为拌制调味料、炒制调味料、熬煮调味料等。按照调味料用途和使用数量不同，可以分为基本调味料、复合调味料。其中，基本调味料，是由一种调味料构成，在烹调中主要起一种基础味的调味作用，又称单一调味料、基础调味料。复合调味料，国家标准GB/T 20903—2007《调味品分类》规定了它的定义是“用两种或两种以上的调味品配制，经特殊加工而成的调味料”。GB 31644—2018《食品安全国家标准 复合调味料》进一步指出，复合调味料是“用两种或两种以上的调味料为原料，添加或不添加辅料，经相应工艺加工制成的可呈液态、半固态或固态的产品”。它是相对于单一的基本调味料而言的，是用两种或多种基本调味料为原料，经加工制成的具有多种味道的调味料，在烹饪中起到综合性的调味作用。复合调味料按照用途划分，主要可以分为三大类：一是通用预制复合调味料，二是专用菜点复合调味料，三是佐餐复合调味料。此外，还可以综合运用分类方法，进行多层级分类。

川菜拥有品种十分丰富的调味料，也可以按照其味道、形态、使用数量及用途等不同方式进行分类。这里，为了便于阐述川菜味型与调味料之间的内在逻辑联系与运用情况，以川菜味型和调味技术实践为基础，将川菜调味料主要分为基本调味料与复合调味料加以叙述。其中，川菜的基本调味料，是指在川菜烹饪加工过程中广泛使用的，对菜品去腥、除膻、解腻、增香、调配滋味起到重要的基础性作用的调味料。它按味道进行分类，可以分为咸味、鲜味、甜味、酸味、辣味、麻味、香味等各种味道的基本调味料，如食盐、酱油、醋、糖、花椒、辣椒、姜、葱、蒜等。川菜的复合调味料，是指以两种或多种基本调味料为原料，添加或不添加辅料而加工制成的具有多种味道、在川菜烹调中起综合性调味作用的调味料。如今，许多川菜企业或相关调味品企业为了适应和满足川菜快速、高效和品质稳定的调味需求，根据川菜特色味型及菜点风味，不断研发出许多针对性极强的新型复合调味料。这些品种可以称为川菜特色复合调味料，是以川菜特色味型及菜点风味为依据，将两种及两种以上基本调味料按适当比例调制甚至配以多种其他辅料，经加工制成的具有多种味道、在菜品烹调中起综合性调味作用的调味料。目前，川菜特色复合调味料品种较为丰富，分类方式也多样。按其用途不同，分为通用预制复合调味料、专用菜点复合调味料、佐餐复合调味料等，如辣椒油、复制红酱油、鱼香酱料、担担面调料、麻婆豆腐调料等；按原料性质不同，分为肉类复合调味料、禽蛋类复合调味料、水产类复合调味料、果品和蔬菜类复合调味料、粮油类复合调味料、香辛料类复合调味料等。在川菜的烹调过程中，尤其是复合味型的调制和菜点制作时已大量采用特色复合调味料来进行。

二、川菜调味料的运用历史与发展趋势

川菜历史悠久、特色突出，在汉晋时期就已形成“尚滋味”“好辛香”的基本风味特色，此后逐渐成为传统，代代相延。发展至今，川菜的风味特色则是“清鲜醇浓并重，麻辣突出”，并且拥有了24种常见复合味型。川菜风味特色的形成及发展、复合味型的成熟稳定，不仅与巴蜀地区丰富和独特的调味料密切相关，也与巴蜀人民对调味料的不断创造与精妙运用密切相关。具体而言，在调味料品种上，从主要使用单一的基本调味料，发展到使用传统基本调味料与现代复合调味料并重；在调味技术与方式上，从主要采用基本调味料进行现场一次性调味，发展到采用基本调味料与复合调味料兼用并进行分阶段、多次调味。这些都为川菜风味特色的发展、复合味型的稳定提供了坚实的物质基础和技术保障。

（一）古代发展情况

川菜起源于古代的巴国和蜀国，在汉晋时就已形成初期轮廓，开始显现出川菜的基本风格与特色，晋人常璩在《华阳国志·蜀志》中总结为“尚滋味”“好辛香”。此时，川菜崇尚丰富的味道，不仅有特别喜爱的辛辣、刺激和芳香之味，也有甘甜之味，常用的调味料主要是花椒、食茱萸、姜、葱、蒜、蒟酱与蜂蜜、饴糖、糖霜等。汉代扬雄《蜀都赋》列举了70余种食材以及用多种调味料来烹调馔肴的情形，言：“往往姜栀，附子、巨蒜，木艾、椒蓠，蔼酱、酴清，众献储斯”“乃使有伊之徒，调夫五味。甘甜之和，芍药之羹”“五肉七菜，朦猒腥臊”。五味，即酸、苦、甘、辛、咸。《周礼·天官·疾医》“以五味、五谷、五药养其病”之郑玄注：“五味：醯、酒、饴蜜、姜、盐之属。”贾公彦疏：“醯则酸也，酒则苦也，饴蜜即甘也，姜即辛也。”在扬雄所列的五味中，既有辛香之美，也有甘甜之和，所用调味料包括生姜、附子、大蒜与食茱萸、花椒、蒟酱、酴酒等。其中最值得一提的是姜、食茱萸和蒟酱。《吕氏春秋·本味》言：“和之美者，阳朴之姜。”汉代高诱注：“阳朴，地名，在蜀郡。”食茱萸，是芸香科植物樗叶花椒的果实，是能散发辛香气味的重要调味品，又称“藙”“榝”“榄子”“辣子”“艾子”等。《礼记·内则》记载：“三牲用

食茱萸

藙。”郑玄注：“藙，煎茱萸也。”段玉裁注引《礼记义疏》曰：“煎茱萸，今蜀郡作之，九月九日取茱萸，折其枝，连其实，广长四五寸，一升实可和十升膏，名之藙也。”通常而言，食茱萸与姜、椒同列，都是作为辛辣味调味料使用。而蒟酱是用扶留藤叶、果加入蜂蜜腌渍而成的酱，味辛香且略带甘甜。据《史记·西南夷列传》载，汉代使臣唐蒙出使南越，不仅品尝到蜀中出产的蒟酱，而且得知蜀中蒟酱已销往南越。晋代左思《蜀都赋》也言：“其园则有蒟蒻茱萸，瓜畴芋区，甘蔗辛姜……。”刘渊林注云：蒟，“缘木而生。其子如桑椹，熟时正青，长二三寸。以蜜藏而食之，辛香，温调五脏”。除辛香味之外，此时的川菜还常用饴蜜、甘蔗等来调和甘甜之味。魏文帝曹丕《群臣诏》言：“新城孟太守道蜀猪肫鸡鹜味皆淡。故蜀人作食，喜著饴蜜，以助味也。”左思《蜀都赋》中描述蜀地种植的食材时将辛香味的姜与甜味的甘蔗并列。

到唐宋至元明时期，川菜传承着“尚滋味”“好辛香”的传统，依然是辛香与甘甜共存并重，不仅使用基础调味料来调制辛香、甘甜之味，而且创制出复合调味料来调味。据杜甫、苏轼、陆游等人的诗文和《清异录》《益部方物略记》《东京梦华录》等史料记载，唐宋时期，咸鲜与甘甜味的菜点有赐绯羊、槐叶冷淘、薏米饭、炰粥、乳糖狮子、蒸猪头、东坡肉、东坡羹等，辛香味的菜点主要是用食茱萸、姜、花椒、蒟酱、大蒜、橙皮、桂皮、薤白等制作的菜点。宋代陶谷《清异录》载：“孟蜀尚食，掌《食典》一百卷，有赐绯羊。其法以红曲煮肉，紧卷石镇，深入酒骨淹透，切如纸薄乃进。”宋代眉山人苏轼是文学家、书画家，也是美食家，是史上第一个自称“老饕”之人，既好辛香，也喜甘甜。其《老饕赋》言：“尝项上之一脔，嚼霜前之两螯。烂樱珠之煎蜜，滃杏酪之蒸羔。蛤半熟而含酒，蟹微生而带糟。盖聚物之夭美，以养吾之老饕。”陆游在四川生活多年，描写和称赞了多种四川美食。其《饭罢戏作》言：“东门买彘骨，醯酱点橙薤。蒸鸡最著名，美不数鱼鳖。”加入香橙与薤白的醯酱，呈现咸酸甜香中微辣之味。《食荠》言：“小着盐醯助滋味，微加姜桂发精神。”荠菜中微微加点盐、醋，再稍加姜与桂皮，春日食之，神清气爽。《冬夜与溥庵主说川食戏作》言：“唐安薏米白如玉，汉嘉栮脯美胜肉……龙鹤作羹香出釜，木鱼瀹菹子盈腹。未论索饼与馈饭，最爱红糟并炰粥……”《薏苡》：“初游唐安饭薏米，炊成不减雕胡美。大如芡实白如玉，滑欲流匙香满屋。” 益州转运使、山西人薛田曾经极力推动成都发行官方纸币“交子”，他在《成都书事百韵》诗言：“受辛滋味饶姜蒜，剧馔盘餐足鲔鳣。”大量姜、蒜入齑臼（碓窝）捣烂，然后放进鱼肉里以助味。范成大《巴蜀人好食生蒜，臭不可近……今来蜀道，又为食蒜者所熏，戏题》：“旅食谙殊俗，堆盘骇异闻。南餐灰荐蛎，巴馔菜先荤。幸脱蒌藤醉，还遭胡蒜熏。丝莼乡味好，归梦水连云。”川菜用大蒜调味，薛田能够接受，范成大却难以忍受。此外，宋祁《益部方物略记》对宋代川菜调味料及调味方式最集中、最客观的记载，从中可以看出川菜风味上“好

蒟酱

辛香”与喜甘甜共存并重。该书记载道，珍珠菜，“蜀人以蜜熬食之，或以醯煮，可行数千里不腐也”；佛豆，“粒甚大而坚重”“以盐渍，然后食之，小儿所嗜”；艾子，即食茱萸（榄），“蜀人每进羹臛（肉羹），以二三粒（食茱萸）投之，少顷，香满盂盏……绿实若萸，味辛香苾。投粒羹臛，椒桂之匹”，意思是用食茱萸调制的肉羹味道堪比花椒和肉桂之辛辣鲜香。《益部方物略记》还较详细地记载了汉代以来就有的蒟酱，其《蒟赞》言：“蔓附本生，实若葚累。或曰浮留，南人谓之。和以为酱，五味告宜。”注云：“（蒟）出渝、泸、茂、威等州，即汉唐蒙所得者。叶如王瓜，厚而泽，实若桑葚，缘木而蔓。子熟时外黑中白，长三四寸。以蜜藏而食之，辛香，能温五藏。或用作酱，善和食味。或言即南方所谓浮留藤，取叶合槟榔食之。”宋代遂宁人王灼著有《糖霜谱》一卷，这是中国现存最早的一部介绍以甘蔗制糖方法的专著，记载了唐代大历年间僧人邹和尚在四川发明糖霜的故事，也记载了种植甘蔗、制作糖霜的方法和糖霜之性味及制食诸法等内容，说明此时蜀地有优质的糖霜作为菜点的甜味基础调味料。

宋代至元明时期，巴蜀民众不仅使用已有调味料调味，还创制了新型复合调味料。其中，“成都府豉汁”是目前所知最早的川菜预制复合调味料。元代无名氏《居家必用事类全集·饮食类》明确记载了“造成都府豉汁法”：即在每年的九月后次年二月前制作，将好豆豉用清麻油熬至烟断香熟，再反复用熟油拌豆豉并上甑熟蒸后摊冷、晒干，入盐匀和、捣碎，加汤煎熬成汤汁；将川椒末、胡椒末、干姜末、橘皮、葱白捣细后加入汤汁中煎熬，至汤汁减少三分之一，倒入瓷器中贮存，用清香油蕴藏，不能沾水，“香美绝胜”。这种成都府豉汁是用多种调味料调配的复合调味汁，在当时深受人们喜爱，遗憾的是已经失传。而关于复合调味料，宋元明史料还记载了其他品种，包括“一了百当”“省力物料”“素食中物料”和“五辛醋”等4种方便型预制复合调味料，只是未明确记载与川菜的关联。如宋代陈元靓《事林广记》记载“一了百当”，制法是将甜酱、腊糟、麻油、盐与磨成粉的川椒、马芹（即芫荽）、茴香、胡椒、杏仁、姜、桂皮同入油锅熬后炒制而成，盛入器皿，“如遇修馔，随意用。料足味全，甚便行饔”。这是一种方便型复合调味酱，随时可供烹饪之用，特别适用于在外行厨。元代无

晾晒中的水豆豉

名氏《居家必用事类全集·饮食类》记载了“调和省力料物”的制法：“马芹、胡椒、茴香、干姜、官桂、花椒多等分，碾为末。滴水随意丸。每用调和，撚破入锅。出外者尤便。”即将芫荽、胡椒、茴香、花椒等香辛料碾成末后加水制成香料丸，烹调时只需撚破入锅，也非常便于外出行厨。元代韩奕《易牙遗意》记载了“五辣醋”的制法：“酱一匙，醋一盏，沙糖少许，花椒、胡椒各五十粒，生姜、干姜各一分，砂盆内研烂。”它类似于当今的复制酱油，不过是复制醋而已。明代宋诩《宋氏养生部》载“五辛醋”及制法，即用葱白、花椒、胡椒、生姜、缩砂与酱、芝麻油一同捣烂，加醋熬制而成，供烹饪之用。五辛醋是复制醋，与宋元时期的“五辣醋”有异曲同工之妙。明代邝璠《便民图纂》记载了其余三种。其中，“一了百当”“省力物料法”是宋元流传至明代。“素食中物料法”则是首次出现，其制法是将莳萝、茴香、川椒、胡椒、炮制的干姜、甘草、马芹（即芫荽）、杏仁与榧子肉碾成末后加水蒸熟、制成弹子大小的丸，“用时汤化开”。它与“省力物料”相似，是一种配方不同的香料丸。

到清代，川菜的风味特色是清鲜醇浓并重、麻辣日益突出，在常用调味料中，最显著的变化是食茱萸与蒟酱消失、辣椒成为辣味基础调味料，同时创制了一批加工性调味料，充实和丰富了川菜风味特色的内涵。在清代，随着“湖广填四川”的浪潮，数以万计的来自湖南地区的移民入川，带来了辣椒新品及其食用习俗，与四川人已有的“尚滋味”“好辛香”调味传统十分契合，促使辣椒作为辣味调味料广泛用于川菜制作中，逐渐取代食茱萸而成为辣味基础调味料的主力军，并由此衍生出豆瓣酱、辣椒油等系列辣味调味料，使川菜出现划时代的变革。在创制的加工性调味料中，保宁醋、涪陵榨菜、叙府芽菜、南充冬菜等是十分著名的特产调味料，深受欢迎。清代定晋岩樵叟《成都竹枝词》言：“郫县高烟郫筒酒，保宁酽醋保宁䌷。西来氆氇铁皮布，贩到成都善价求。”清代袁枚《随园诗话》中就有四川民间腌制冬菜的记载，并称之为“顺庆冬菜”。顺庆即顺庆府，治所在今南充市，说明南充民间制作的冬菜在清代乾隆年间已有较大名气。而南充冬菜细嫩、味美，是川菜用于提鲜、增香的重要调味料。与此同时，预制复合调味料的制作和使用也得到一定的传承和创新。清代朱彝尊《食宪鸿秘》“香之属”将元明时期“省力物料”“素食中物料”的制法记作口诀，其

“减用大料”言：“马芹荜拨小茴香，更有干姜官桂良，再得莳萝二椒共，水丸弹子任君尝。”其“素料”言：“二椒配着炙干姜，甘草莳萝八角香，芹菜杏仁俱等分，倍加榧肉更为强。”二椒，指胡椒、花椒。此外，在清末傅崇矩《成都通览》所列“五味用品”中已记载了“热油海椒”“糖醋”“椒盐”等预制复合调味料。“海椒”，四川方言，即辣椒。热油辣椒，又称红油辣椒、辣椒油，是以辣椒为主料、配以多种香料，放入加热后温度适当的热油使其融合而成，色泽红亮、香味浓郁，常用于凉拌菜、风味小吃等各类菜点的调味。到清代末年，以众多特产的种植和加工调味料为基础，经过巴蜀厨师精心调制，使川菜具有了调味精妙多变、味型丰富多样的特点。据《成都通览》所列“五味用品”及菜点可知，当时仅用来调制麻、辣味的调味料就有蒜泥、薤片、姜汁、花椒、胡椒、辣椒末、辣椒油、椒盐、芥末等，再与其他调味料相配，则调制出具有不同层次或风格的麻、辣味，如椒麻、麻辣、酸辣、煳辣、椒盐等味；而用来调制香味的调味料有陈醋、酒醋、草果、山柰、八角、香油、芝麻酱、藿香、甜酒等，再与其他调味料混合使用，则调制出具有不同特点的各种香味，如五香、酱香、甜香、香糟等。由此，川菜常见的复合味型大多都已呈现，川菜复合味型体系最终形成，促使川菜“尚滋味”“好辛香”的调味传统得到全面强化、调味特色在清代中后期成熟定型，突出表现为清鲜醇浓并重、善用麻辣。

（二）近现代发展情况

进入近现代，川菜一直传承“尚滋味”“好辛香”的调味传统并不断发扬光大。在20世纪80年代以前，大多以基础调味料为主、预制复合调味料为辅进行现场一次性巧妙调味。到20世纪80年代及以后，尤其是90年代至进入21世纪以来，调味料和调味方式发生较大变化，通用预制复合调味料、专用菜点复合调味料、即食（佐餐）复合调味料不断创制，川菜在调味上越来越多地将基本调味料与复合调味料并用、进行分阶段和多次调味，对降低调味技术难度、提高菜品烹调效率和稳定风味起到了十分重要的作用。究其原因，主要是随着中国改革开放的深入，消费者需求不断提高而且多元，求新、求变、求快之心日重，而餐饮业面临各种挑战，要在激烈竞争中取胜，寻觅和采用新的基础调味料、创制并使用新型复合调味料就成为其十分重要的路径。

首先，川菜在基本调味料的寻觅和使用上，主要有两个途径：第一，“上山下乡”。餐馆厨师深入民间挖掘、采集味美适口，具有浓郁乡土气息的基础调味料，并将其应用到餐馆菜点的制作中。如当今川菜馆流行使用的水豆豉、烧辣椒、青花椒、藿香等都来自川渝地区民间的家庭炉灶，而木姜子则为彝族同胞烹调菜肴的常用调料。第二，“走南闯北”。川菜厨师到省外、国外从事烹饪工作和技术交流十分频繁，不仅非常关注外省、外国的调味料，而且常常有意识地将它们引进、应用到川菜制作之中。如广东的野山椒、湖南的小米辣椒、广西的特色豆豉、新疆的孜然等基本调味料大量用于川菜制作，出现了相应的系列特色菜肴。其中，野山椒系列菜、小米辣系列菜的数量最多，也最受消费者喜爱。而对外国调味料的使用主要集中在西方调味料上，有奶酪、黄油、柠檬以及罗勒、百里香等香辛料。

其次，川菜在复合调味料的创制和使用上，主要有两个方面：第一，通用预制调味料的创制和使用。由于生活和工作节奏的加快、竞争异常激烈，如何降低成本、提高效率、保证质量、创造品牌成为川菜餐饮业者必须面对的问题，于是，人们开始转变观念，在调味料的制作和使用上进行创新，即提前预制一些复合调味汁，然后在需要时用它们烹调菜点，实行分阶段调味。而对于复合调味汁的调制，主要是将风味相同或相近的菜肴所用的调味料在菜肴烹调前，按照一定的配方加工、复合而成。20世纪90年代至今，川菜行业中流行自制的复合调味料，一些企业根据自身经营品种的风味特点和厨师的创新能力，用市场上的基础调味品进行调配，创制出许多新型、独特的酱、汁、油、粉等预制复合调味料，不但使自己的菜点形成了独特的风格、配方和稳定品质，而且加快了出菜速度，客观上也丰富了川菜复合调味料的品种。如提前用柱侯酱、海鲜酱、蚝油、红曲米等调制出统一的复合味卤汁，再用它制作酱猪手，非常受欢迎。著名的泡椒墨鱼仔等菜肴，则离不开其创制和使用的特色泡椒油、海鲜油、麻辣油。第二，专用菜点复合调味料的创制与使用。所谓专用菜点复合调味料，顾名思义，是专门针对某一个或某一类菜点的共同口味特征而研制成的复合调味料。如火锅底料、串串香调味料、麻婆豆腐调味料、回锅肉调味料、担担面调味料、麻辣香水鱼调味料、泡菜鱼调味料、水煮鱼调味料等专用菜点复合调味料，已成为一些餐厅和家庭烹饪川菜的好帮手。其中，火锅底料、串串香调味料更作为许多火锅店、串串香餐饮店制作火锅、串串的核心调味料直接使用，极大地降低了原料与人力成本，提高了工作效率和食品风味的稳定性、安全性。

由于大量采用新的基本调味料，创制并使用新型复合调味料，使得川菜在清鲜醇浓并重、以善用麻辣著称的风味特色基础上有了新的变化与发展，传统复合味型得到充实、完善，同时还出现了新的复合味型及复合味，并且麻辣味更加突出。

首先，就传统味型的充实、完善而言，有许多例子可以证明。如在川味凉菜中，传统麻辣味型、酸辣味型，基本上都是使用红油调制，现在则分别改用或添加小米辣、野山椒，将它们的鲜辣、清香融入其中，让人赏心悦目，著名菜品有跳水兔、拌蕨粉等。在川味热菜中，如今的川菜人或先用罗勒、百里香等香辛料调制成复合味汁，再将其加入烧、煮类的麻辣菜肴中调味，成菜的麻辣味中便多了特殊的香味，鲜锅兔、水煮鱼等即是代表。而这种用不同香辛料来充实麻辣中香味的方法还成了许多企业创制菜点、创造品牌的秘诀和法宝。此外，人们有时也将奶酪、黄油、沙拉酱、卡夫酱用于煎、炸类菜点的制作，使这些菜点在原有风味中增添了奇特香味。

其次，就新的复合味型与复合味的出现而言，有的味型已经被公认，有的味型虽然还在实践和争论之中，但许多人已认识到它们与传统味型有很大区别。如茄汁味型，是较早被公认的一种新味型，主要是借鉴西餐的番茄汁调制而成，成菜风格是甜中带酸、香鲜爽口，代表菜品有茄汁大虾、茄汁鱼条等。而蒜椒味、藿香味、青花椒味等作为新的复合味也被一部分人认可，因为它们不仅风味独特，而且有众多的菜品。蒜椒味的主要调味品是干花椒、青花椒、蒜、葱、盐、香油、味精等，成菜风格是咸鲜椒麻、蒜香浓郁。而藿香味和青花椒味，顾名思义，是分别重用藿香和青花椒调制而成，都有其独特的风味。

再次，就麻辣味更加突出而言，其最有力的证据和代表是火锅、江湖菜的风行。20世纪90年代以来，川菜品类繁多、风味各异，但是，纵横天下、最具冲击力的却是火锅和江湖菜。在80年代到90年代的十余年时间里，四川火锅从川菜的一个普通品种逐渐发展成了引人注目甚至席卷天下的系列品种，高中低档齐备，

以至于有人认为火锅已经从川菜中脱颖而出、另立门户，其杀手锏之一就是麻辣香浓的风味。江湖菜是在巴蜀地区民间菜、乡土菜的基础上发展起来的，因不拘一格、重味道而不重形象而得名，又因大量使用“三椒两精”（即辣椒、花椒、胡椒和味精、鸡精）而被称为“五黑菜”（黑起，四川方言，即使劲之意），麻、辣、香极端突出。如各种鲜活的海产品通常最宜使用咸鲜味，以突出食材自身的鲜香美味，但川菜厨师在烹制清淡味海鲜菜肴的同时以麻辣调味，创制出许多麻辣味厚的海鲜菜肴，著名品种有香辣蟹、泡椒墨鱼仔、香辣鱿鱼卷等，不仅在川渝地区也在全国包括沿海地区受到普遍欢迎。可以说，火锅、江湖菜强烈的味觉刺激和震撼着人们的心灵，麻、辣一度被强化成川菜突出的标志性元素。

（三）未来发展趋势

今后，川菜将继承传统、兼收并蓄、开拓创新，在风味上继续传承和弘扬“清鲜醇浓并重、善用麻辣”“一菜一格，百菜百味”等特色，在调味料的品种与运用上将使复合调味料大行其道，具体表现为两个方面：一是在调味料的品种上，基本调味料增多的同时更大比例地创制复合调味料；二是在调味料的运用上，采用大量复合调味料并且进行分阶段调味将成为主流。这是时代的发展和人们需求变化的必然。

在未来的社会，工业化、产业化、信息化、智能化程度不断提高，人们生活和工作节奏异常快速，视野开阔，消费水平和需求日益增长，各种竞争空前激烈。人们作为餐饮消费者，在重视菜点味美的基础上更加看重卫生安全、营养保健、品质稳定和高效快捷，要求吃得好、吃得快；作为餐饮供应者的餐饮企业，还会不断增多，面对激烈的竞争和各种挑战，必须在提供菜点服务时降低成本、提高效率、保证质量、创造品牌，满足消费者的各种需要，才能在激烈竞争中立于不败之地，川菜企业也不例外。除了寻觅和采用新的基本调味料外，创制并使用新型复合调味料进行调味就是行之有效的重要路径之一。因为复合调味料具有自己的特点和优势：第一，复合调料品类众多，能够满足人们的多种口味需要。现在的复合调味料既有酿造的，也有非酿造的；既有用植物为原料制作的，也有用动物产品加工的；既有液态的油、汁，也有固态的粉、酱。它们不仅可供餐饮和食品企业加工使用，也可供家庭加工或直接食用。而随着调味品生产及食品工业的发展，复合调味料还会大量增加、不断完善，必然能够更好、更全面地满足人们的各种需要。第二，复合调味料的配方、品质稳定，为川菜乃至中国菜的标准化、产业化、国际化奠定了基础。川菜以味见长，味型丰富、独特而且主要是复合味型，从前用单一的基本调味料进行现场调味时要做到毫厘不差是非常困难的，技术难度高、经验性强、随意性大，厨师必须通过长期的实践和经验积累才能胜任和运用自如，费时、费工，还常常出现千人千面、一菜多味的不稳定现象。而复合调味料有着稳定的配方、品质，在烹饪菜点时使用，既缩短了川味菜点制作的时间，也降低了其技术难度、经验性和随意性，使菜点的制作能够稳定、快速、高效，并且能使大量年轻的非熟练工人制作出符合风味要求、稳定统一的菜点，从而为川菜标准化、产业化、国际化奠定良好基础。因此，调味料在川菜中的应用趋势必然是大量使用复合调味料并进行分阶段调味，而人们对复合调味料的需求多元化，不仅要求安全健康、方便快捷，还需要特色突出、文化内涵丰富。

三、研究内容、研究状况与目的

（一）研究内容

川菜以味见长，常见的复合味型有24种，其核心在于调味料与调味技术。本书不仅阐述味与味型的概念、川菜复合味型与调味料的类别、调味原理与方法、川菜运用调味料的历史与发展趋势，而且分析、论述川菜复合味型的调制规范以及所运用的典型菜品，并且在此基础上，按照基本调味料、复合调味料两大类别，既对现有的巴蜀特色调味料在川菜中的运用状况进行归纳、论述，也详细分析、论述新型复合调味料的创制情况及在川菜中的运用，做到三个结合：一是传统与现代结合，即传统手工与机器加工结合，历史文化与现代科技结合；二是传承与创新结合，即自然科学与社会科学融合；第三，理论与实践结合，即有关味、调味料及调味的理论与125个菜品烹调案例结合，以此促进川菜味型的发展和风味特色的进一步传承与弘扬。

本书的主要研究内容，分为四章：

第一章绪论，主要阐述味型与调味料的概念、类别，以及川菜调味料的运用历史与发展趋势，并就本书主要研究内容、相关研究状况、研究思路及目的与意义进行简要阐述。

第二章川菜之味与复合味型调制规范，在阐述单一味与复合味、味型与复合味型，以及调味原理、调味方法与原则等基础上，结合川菜调味技术理论与实践、食品标准化研制方法等，对川菜24种复合味型的调制规范及创新复合味的调制方法等进行阐述，并进一步阐述每种传统复合味型和创新复合味在川菜烹调运用中的典型案例。

第三章川菜基本调味料的运用历史，以川菜的基本味为依据，按照麻辣与辛香类、咸鲜与酸甜类等类别，对约30种川菜常见基本调味料在烹饪中的运用历史进行系统梳理、总结和论述。

第四章川菜复合调味料的制作及运用，首先，针对川菜现有复合调味料品种的实际，将其分为通用预制复合调味料、专用菜点复合调味料两大类，阐述现有众多复合调味料的调制配方、工艺及在川菜中的烹调运用案例；其次，结合川菜烹饪技术原理及方法、食品标准化加工技术等，对川菜特色复合调味料的创制提出技术路线、工业化加工制作方式，并按通用预制复合调味料、专用菜点复合调味料分类，阐述一些川菜创新复合调味料的配方、制法、加工制作要求及在菜点烹调中的运用案例。

（二）国内外相关研究状况

1. 国外对川菜味型与调味料研究较缺乏

川菜走向世界主要是在中华人民共和国成立以后，特别是改革开放以来，川菜遍及世界各个角落，麻婆豆腐、宫保鸡丁、鱼香肉丝、火锅等著名品种深受各国人民的喜爱。但是，国外对于川菜的味型及调味料的研究较为缺乏。20世纪80年代以来，国外的调味料品类发展迅速。其中，复合调味料是国际上发展最快的一类调味料，欧美国家流行的沙司、蛋黄酱等，日本流行的“塔来”（煮用调味料）、“兹由”（面汤调料）等，已形成了大批量生产的规模，并在国外调味料市场中占重要地位；国外新近研制的各种咖喱类、烧煮类、香料类等复合调味料也不断投入生产，进入餐饮消费市场。但是，国际上的绝大部分复合调味料如各种调味沙司、调味汁、蛋黄酱、色拉酱等，与川菜通常使用的复合调味料及其产生的味型截然不同，极少有针对川菜的复合调味料生产。除此以外，国外对川菜味型及复合调味料的研究也极为零星，目前，仅英国人扶霞·邓洛普在其编撰出版的《川菜》一书中介绍了川菜常见复合味型的调制及所使用的调味料，其《花椒与鱼翅》一书中介绍了学习川菜烹饪技艺的经历，但是并未对川菜复合味型及调味料特别是川菜复合调味料进行深入研究和探讨。

2. 国内对川菜味型与调料有一定研究，但需要进一步加强

复合调味料在中国的创制和运用历史悠久，北魏贾思勰《齐民要术》就记载了一种“八和齑”的复合调味料，制法是将白梅、姜、橘皮、熟粟黄、粳米饭与大蒜捣烂后加上盐、醋拌匀调制，主要用于鱼脍等菜肴的调味。宋元及明清时期的“一了百当”“天厨物料”“成都府豉汁”等则是当时人们创制并使用的方便型复合调味料。但是，我国首次出现和使用“复合调味料”一词，则是在20世纪80年代。1982—1983年，天津市调味品研究所开发了专供烹调中式菜肴的“八菜一汤”复合调味料，并开始使用“复合调味料”这一名称。随后，北京、上海、广州等地相继上市了多种品牌的鸡精、牛肉精，并开发了多种复合调味料，如烹饪调味料以及各种复合酱料等。1987年，在我国正式制定并颁布实施的国家标准《调味品名词术语 综合》（ZB X 66005—1987）中，制定了“复合调味料”等专用名词、术语及定义标准。2007年，制定并颁布实施的国家标准《调味品分类》（GB/T 20903－2007）再次对调味品的定义、分类，以及“复合调味料”的定义、分类进行了明确规定。2018年，随着复合调味料的大量研制和使用，又专门针对它的安全性，制定并颁布实施了《食品安全国家标准 复合调味料》（GB 31644—2018），对它的技术要求、感官要求、污染物限量、微生物限量和食品添加剂进行了规定。

改革开放后，尤其是进入21世纪以来，对于川菜味型与调料的研究取得了一些进展，主要包括四个方面：第一，对川菜味型与调味料的运用历史、文化、特色及成因的研究。仅论文就有杜莉《人口迁移对川菜调味料及调味特色的影响》

〔中国调味品，2011，36（08）〕、《论花椒、辣椒在川菜的运用及其影响》〔中国调味品，2011，36（08）〕、《胡椒传入及在川菜烹饪中的运用》〔中国调味品，2011，46（05）〕，李幼筠、周逦《善用麻辣的川味复合调味料》〔中国酿造，2012，31（11）〕，朱多生《清代四川“四民”在川菜味型形成过程的作用浅析》〔楚雄师范学院学报，2013，28（02）〕，张茜《论藤椒在川菜中的运用及展望》〔中国调味品，2013，38（03）〕，郑伟《探析川菜多样味型形成之因素》〔中国调味品，2016，41（05）〕，梁平汉《要素禀赋变化与关键性技术创新：现代川菜味型何以形成》〔产业经济评论，2016，（04）〕，等等，分别从不同角度阐述了川菜味型及调味料的运用历史、文化，并且分析了川菜风味特色及形成原因。如李幼筠、周逦《善用麻辣的川味复合调味料》指出复合调味料代表了世界调味品行业发展的新趋势，目前我国复合调味料已进入快速成长期，其中川味复合调味料，以麻辣味、半固态、发酵型的鲜明地方风格从占全国80%以上的膏状、粉状和液态复合调味料中脱颖而出，自成一家，文章从川味善用麻辣的由来，川味中常见的辣、麻味型和重要的川味复合调味料基料，几款知名的麻辣川味复合调味料等方面阐述了川味复合调味料的特征。

第二，对川菜味型的标准化、产业化研究。论文方面有辛松林、陈祖明等《椒麻味型标准化制作工艺研究》〔四川烹饪高等专科学校学报——2011（04）〕，陈祖明、辛松林等《怪味味型标准化制作工艺研究》〔四川烹饪高等专科学校学报，2011（05）〕，卢黎、陈应富等《传统冷菜鱼香味型标准化制作工艺研究》〔四川烹饪高等专科学校学报，2011（06）〕，辛松林、肖岚等《浅谈川菜菜肴中的风味之鱼香味型》〔中国调味品，2014，39（08）〕，等等，主要探讨了川菜的椒麻味型、怪味味型、鱼香味型等传统复合味型的标准研制情况。怪味是川菜味型中独具风格的味型，以盐、酱油、辣椒油、花椒面、麻汁、醋、糖、蒜、香油、味精等调料调制而成，将酸、甜、麻、辣、咸5种味巧妙地调和在一起，集众味于一体，鲜、甜、麻、辣、酸、香、咸并重，具有不同于任何一种味的味觉，故称怪味，常用于以鸡、鱼、兔肉和花生、核桃仁为原料调制的冷菜，如怪味鸡丝、怪味酥鱼、怪味花生、怪味核桃仁等。陈祖明等以单因素三水平试验来确定并获得怪味味型的复合调味品配比，可以有效地克服日常烹调中的随意性，为进一步开发川菜味型复合调味料打下了基础。

第三，对川菜复合调味料的生产工艺与风味成分研究。论文有李光辉《川菜烹饪复合调味料的研制》〔江苏调味副食品，2005（05）〕，孙东伟、刘军等《论川味半固态复合调味料风味成分的来源和形成》〔江苏调味副食品，2009（12）〕，郭晓强、陈朝晖、王卫等《复合川菜调味料生产工艺的研制》〔成都大学学报（自然科学版），2008（01）〕，贾洪锋、苏扬等《我国复合调味料的研究进展》〔中国调味品，2014，39（05）〕，孙东伟、刘军、牛广杰《论川味半固态复合调味料风味成分的来源和形成》〔江苏调味副食品，2009（06）〕，斯波《川味调料特征、生产工艺及市场发展动态》〔食品科学技术学报，2015，33（02）〕，庞荧廷、张淼等人的《四川特色调味料泡辣椒加工及应用现状研究》〔四川旅游学院学报，2020（05）〕，等等，主要从多个角度探讨了川菜复合调味料的生产工艺及优化、风味成分的来源与形成等。李光辉《川菜烹饪复合调味料的研制》一文，主要论述了以风味化学原理和人的味感生理特性为依据，采用工程法复合调味品的制作原理和技术方法，对传统川菜调味料的生味成分进行转化、分离、加工和复配等技术改进，制成符合川菜食俗及风味、调味力强、使用方便的辛辣型、香辣型、辛香型和清香型等4种类型的川菜复合烹饪调味料。

第四，对川菜复合调料的产品开发与创新研究。论文有尹敏《川菜调味品的开发与利用》〔中国调味品，2002，（10）〕，李光辉、钟世荣等《冷吃兔复合调味料的研究》〔江苏调味副食品，2009（02）〕、《干煸牛肉复合调味料的研究》〔中国调味品，2009，34（09）〕，杜莉、陈祖明等《方便型香辣烤肉酱的研制》〔中国调味品，2017，42（10）〕，舒立新、李清等人的《回锅肉风味复合调味料的研制》〔中国调味品，2020，45（04）〕，等等，主要是论述川菜一些著名品种的专用复合调味料研发情况。

从上述可以看出，目前对于川菜味型与调味料的研究有一些成果，但是，与川菜的快速发展和市场需求相比，还存在一定差距，特别是对川菜复合调味料的产品开发与创新研究需要进一步加强，不仅需要更多地进行川菜专用菜点复合调味料的研制与开发，还要弥补川菜通用预制复合调味料研究的短板，从而更好地

川味讲究“一菜一格，百菜百味”

满足市场对川菜复合调味料的需求、促进川菜快速发展。

（三）研究目的与意义

1. 有利于川菜标准体系建设，促进川菜产业化、国际化和相关产业发展

党的十九大报告明确指出：“中国特色社会主义进入新时代，我国社会主要矛盾已经转化为人民日益增长的美好生活需要和不平衡不充分的发展之间的矛盾。”民以食为天，包括川菜在内的饮食是人们美好生活需要的重要组成部分，得到四川各级政府高度关注，四川省不仅出台了《川菜产业发展规划》，也大力实施《川菜走出去行动计划》。川菜以味见长，川菜产业的发展和“走出去”都离不开标准化和规模化生产，其中的关键之一就是调味料的标准化和规模化生产，而调味料的生产又与农业、食品加工业密切相关。本书根据国家和四川省政府政策，并结合川菜技术和产业发展的关键点，进行川菜味型与调味料尤其是特色复合调味料的标准化、产业化研究，让川菜复合调味料集特色风味、稳定性、方便性和安全性于一体，十分有利于川菜标准体系的整体建设，对促进川菜产业化、国际化发展具有极为重要的意义，同时也将带动与川菜产业相关联的农业、食品加工业的发展，促进调味料尤其是复合调味料产业的进一步繁荣，助推农民增收和乡村振兴。

2. 有利于传承和弘扬川菜文化与风味特色，促进巴蜀文化软实力的提升

川菜作为中国覆盖面最广、味型最丰富的著名风味流派，在漫长的历史进程中，通过一代代川菜厨师不断摸索、改良、总结和完善，形成了独具巴蜀特色的“尚滋味”“好辛香”的传统，具有“清鲜醇浓并重、善用麻辣”和“一菜一格，百菜百味”的风味特色。如今，川菜已是巴蜀文化的重要组成部分和活色生香的载体，人们通过品尝川菜能够更深入地体验到巴蜀文化的丰富内涵与魅力。但是，由于川菜调味技术非一朝一夕的学习就能掌握，传统手工调味时较为倚重个人的经验，主观随意性较大，出菜速度较慢，烹制出的菜品风味及品质稳定性不强，在一定程度上影响了川菜及巴蜀文化的品牌形象。本书不仅较为详细地阐述了味与味型的概念、川菜复合味型与调味料的类别、调味原理与方法、川菜运用调味料的历史与发展趋势，而且分析、论述了川菜复合味型的配方、工艺规范

及运用案例，阐述了现有及创新的复合调味料在川菜中的典型运用案例，将食品科学理论知识与烹饪技术实践紧密结合，旨在使川菜制作者和爱好者更准确地了解、把握川菜的味型及风味特色，更好地将川菜特色调味料尤其是复合调味料科学、合理地运用于川菜烹调之中，制作出更加丰富多彩的川菜品种，进一步传承川菜风味特色，弘扬川菜文化，促进巴蜀文化软实力的提升。

参考文献

[1]（汉）许慎. 说文解字[M]. 北京：中国书店，1989.
[2]（晋）常璩. 华阳国志校注[M]. 刘琳，校注. 成都：巴蜀书社，1984.
[3]（宋）宋祁. 益部方物略记[M]. 北京：中华书局，1985.
[4]（宋）陶谷. 清异录[M]. 李益民，王明德，王子辉，注释. 北京：中国商业出版社，1985.
[5]（元）无名氏. 居家必用事类全集[M]. 邱庞同，注释. 北京：中国商业出版社，1986.
[6]（元）韩奕. 易牙遗意[M]. 邱庞同，注释. 北京：中国商业出版社，1984.
[7]（明）邝璠. 便民图纂[M]. 北京：农业出版社，1959.
[8]（明）宋诩. 宋氏养生部[M]. 陶文台，注释. 北京：中国商业出版社，1989.
[9]（清）朱彝尊. 食宪鸿秘[M]. 邱庞同，注释. 北京：中国商业出版社，1985.
[10]（清）阮元. 十三经注疏[M]. 北京：中国书局，1980.
[11] 傅崇矩. 成都通览[M]. 成都：巴蜀书社，1987.
[12] 林孔翼辑. 成都竹枝词[M]. 成都：四川人民出版社，1986.
[13] 熊四智. 中国饮食诗文大典[M]. 青岛：青岛出版社，1995.
[14] 陈学智. 中国烹饪文化大典[M]. 杭州：浙江大学出版社，2011.
[15] 国家质量监督检验检疫总局，国家标准化管理委员会. 调味品分类：GB/T 20903—2007[M]. 北京：中国标准出版社，2007.

味之道

——川菜味型与调味料研究

咸鲜味型

五香味型

煳香味型

荔枝味型

糖醋味型

酱香味型

咸甜味型

煳辣味型

酸辣味型

茄汁味型

香糟味型

甜香味型

椒麻味型

陈皮味型

怪味味型

家常味型

麻辣味型

麻酱味型

芥末味型

红油味型

蒜泥味型

鱼香味型

姜汁味型

椒盐味型

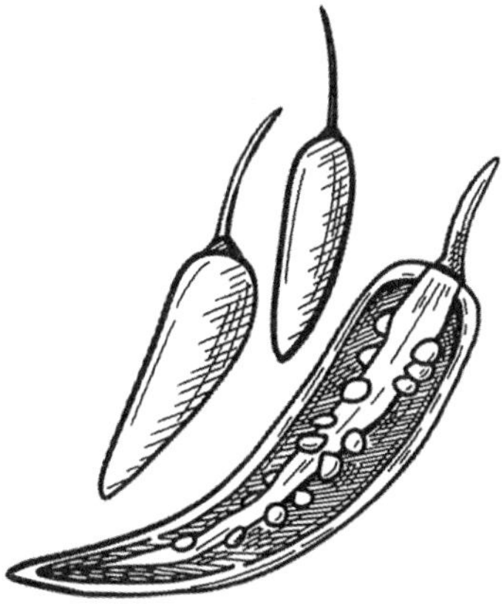

第二章 川菜之味与复合味型调制规范

食物作为一种刺激物，能刺激人的多种感觉器官而产生不同类别的多种感官反应（表1）。正是由于食物对感官刺激而引起的感官反应较为多样，使得人们对“味”的概念存在狭义和广义之分。狭义的“味”是食物刺激人的味觉或嗅觉受体而产生的综合生理响应，主要是指食物刺激人的感官而引起的化学感觉。汉代许慎《说文解字》言：“味，滋味也。从口未声。”味，本义是指滋味、味道。广义的“味”是食物刺激多种感觉器官而产生的综合的生理响应，是食物刺激人的感官而引起的非常复杂的感觉，既包括化学味觉，也包括物理味觉、心理味觉等。其中，人们感受的馔肴的滋味、气味，如单纯的咸、甜、酸、苦、辛等基本味和千变万化的复合味，属于化学味觉；馔肴的软硬度、黏性、弹性、凝结性等机械特性，馔肴的粉状、粒状、块状、片状、泡沫状等几何特性，馔肴的含水量、油性、脂性等触觉特性，属于物理味觉；由人的年龄、健康、情绪、职业，以及进餐环境、色彩、音响、光线和饮食习俗而形成的对馔肴的感觉，属于心理味觉。人们对食物的获取，不仅是生理上对各种营养成分和卫生质量的需求，也是各种心理因素的一种享受。具有良好或独特风味的食物会使人们在感官上得到真正的愉快，并直接影响其对营养成分的消化和吸收。随着生活水平的提

表1　食品产生的感官反应及分类

刺激物	感官反应	分类
食物	味觉（甜、苦、酸、咸等）	化学感觉
	嗅觉（香、臭等）	
	触觉（硬、黏、热等）	物理感觉
	运动感觉（滑、干等）	
	视觉（色、形状等）	心理感觉
	听觉（声音等）	

高，人们对食物“味”的要求也越来越高。就“味”的三个类别而言，化学之味是调和之味，物理之味是质感，心理之味是美感。型，本义是指铸造器物用的模子，引申指类型、样式。《说文解字》言：“型，铸器之法也。从土，荆（刑）声。”味型，即指味的类型、样式。复合味型，即是多种化学之味调制而成的各种的类型或样式。而多种化学之味则来自多种调味料。因此，本章采用狭义的味的概念即化学之味，较为系统地阐述川菜以调味料为基础进行的调味之道以及川菜传统复合味型、创新复合味的调制规范与运用。

第一节 | 味与味型及调味

就狭义的味而言，一般可分为单一味与复合味两大类。所谓单一味，又称基本味，是指一种单一的滋味，由一种食物刺激味觉器官而产生的单一感觉，如咸、甜、酸、苦、辣等；所谓复合味，是指两种或两种以上的单一味混合而成的新的味道，通常是由两种或两种以上的不同味道的调味料调和而产生的多种感觉，如酸甜、麻辣等。而关于味型的含义，有多种不同的说法。简要而言，味型即指味的类型、样式，通常是由两种或两种以上调味料调和而成的、具有本质特征的一种风味类型。味型属于复合味，又可以称为复合味型，但复合味的范围更广，不仅包括味型（即复合味型），也通常包括两种或两种以上调味料调和，但未形成具有本质特征的一种风味类型的复合味。不过，无论如何，包括味型在内的所有复合味，基本上是由两种或两种以上调味料调制而形成。人们在调味时常采用不同的调味方法，自觉或不自觉地遵循着调味原理与调味原则。

一、单一味与复合味

（一）单一味的概念、类别及主要调味料

单一味是一种单一的滋味，也是基本味，是风味中起着重要支撑作用的基础

部分。川菜的单一味通常有咸、甜、酸、辣、鲜、香、苦、麻等8种基本味，用这8种基本味的调味料为基础进行巧妙调制，就能变化无穷，如同用红、蓝、黄三种基色进行调配就可以产生出世界上所有的色彩。

1. 咸味

咸味是一种重要的基本味，是调味中的主味和不可或缺的基础，有提鲜、除异味的作用。大部分菜品风味都以咸味为基础，再调和其他的味。如制作糖醋味的菜品必须放一些盐，才能增加甜酸味的醇厚感；在各种汤羹中加入食盐，既可以增加鲜味，还可以掩蔽食材中金属味、苦味等不良风味。

咸味调味料主要有食盐、酱油、酱制品等。其中，食盐是咸味的典型代表，也是使用最广泛的咸味调味料，是由氯化钠组成的一种白色的结晶状化合物。它是一种稳定性高、水溶性好的物质，使用也非常容易。一般来说，食盐水溶液在口中的适宜浓度为0.8%~1.1%，但是也会因为人群、环境等因素的不同而不同，特别是在有其他味道混杂的情况下。如有糖、有机酸等存在之时，食盐在口中的最适浓度有可能会提高一些；以同主食一起入口为前提设计的菜肴有时食盐含量可达到1.5%~2.0%；以延长食物保藏期而设计的盐含量则更高。此外，不同民族、不同地区、不同人群对咸味的嗜好程度也有所不同。咸味有“百味之王”的美誉，不添加食盐或其他咸味调味料的菜肴是极少的。在调味时，咸味是一个基础平台，其他味道如果没有咸味这个基础味支撑则是很难表现的。虽然食盐在咸味的调制上具有举足轻重的作用，但是高盐饮食对人体会造成不可逆转的危害也不容忽视。如今，人们越来越注重健康饮食，开始提倡减盐、低盐，减盐指减少食物中的钠，低盐就是降低钠的摄入。因此，食盐替代物应运而生，如采用呈现咸味的镁盐、钙盐、钾盐等金属盐类，或者是兼具鲜味和咸味的肽类，以及酵母抽提物、氨基酸类等风味改良剂类，以激活口腔和喉咙的咸味受体来弥补减盐即降低钠的摄入所造成的味觉差异。

2. 甜味

甜味是一种重要的基本味，在调味中的作用仅次于咸味，可增强菜肴的鲜味，并有特殊的调和滋味作用，如可以缓和辣味的刺激感，增加咸味的鲜醇感等，是川菜形成“清鲜醇浓并重”这一风味特点的原因之一。据张茜《甜味调味品与川菜的风味特点》一文统计，在川菜经典的24种味型中共有15种味型在调制过程中需要添加不同数量的甜味调味料。川菜使用甜味调味料的技术精妙、方法多变，极大地增加了川菜的适口性，使其拥有广泛的适应性。

甜味调味料有白糖、冰糖、红糖、蜂蜜、饴糖、果糖、果酱等。白糖是甜味的代表性物质，不仅产生甜味，还是重要的营养物质，在川菜烹调的使用中极为广泛，更是制作拔丝、挂霜等甜菜以及甜点馅料不可缺少的调味料。甜味的强弱用甜度来表示，其甜度的衡量方法是：通常以蔗糖为基准物，将5%或10%的蔗糖溶液在20℃时的甜度设定为1或100，其他物质的甜度则与之相比而得到，即当某种浓度的甜味剂的甜度与标准蔗糖溶液的甜度相同时，根据两者浓度上的差别则可得出该种甜味剂的甜度。在烹调中常用的甜味调味料的甜度各有不同。其中，蔗糖100，麦芽糖32～60，葡萄糖74，果糖114～175是最甜的糖。甜味是人类最容易接受的味感，即使是刚出生的婴儿也能立刻适应甜味；甜味也是甜味剂的重要性质，可以增强食物的风味以及影响人们对食物种类的偏好。虽然甜味在人们的饮食生活中占有重要地位，但是，高糖饮食对人们身体健康也存在很大的威胁，因此木糖醇、安赛蜜、糖精等食糖替代物开始运用到饮食调味中。

3. 酸味

酸味是一种重要的基本味，有解腻、去腥、提鲜、增香等作用，对烹调禽、畜及其内脏和各种水产品来说必不可少。

酸味调味料主要有醋、泡菜、番茄酱、柠檬汁等。其中，醋是酸味的代表物质。酸味主要是由于酸味物质解离出的氢离子在口腔中刺激人的味觉神经后而产生的，是无机酸、有机酸及酸性盐在水溶液中的氢离子所产生的特有味感。相比而言，无机酸和有机酸的水溶液的pH值相同的情况下，有机酸水溶液能感觉到的酸味更强一些。各种酸的水溶液在同一规定浓度时，解离度大的酸味更强，解离度小的则酸味较弱。在食物中添加有机酸，可降低pH值，使食品呈酸性。人唾液的酸碱度的pH值为6.7～6.9，当食物pH值低于5时，人的味觉神经便会感受到酸味；当食物pH值＜3时，人的味觉神经就会感到强烈的、不适口的酸味。因此，在烹调中必须注意适量、恰当地使用酸味调味料，既解腻、除腥、提鲜、增香，又避免产生不适口的味感。

4. 辣味

辣味是一种重要的基本味，有解腻、去腥、消除异味和增进食欲、帮助消化等作用，具有强烈的刺激性。辣味并不属于味觉，是舌头、口腔与鼻腔黏膜受到一些特殊成分刺激所引起的一种刺痛感与特殊灼热感的共同感受，是味觉、触觉、痛觉、嗅觉共同综合而成的一种感觉现象。

辣味调味料品种众多，代表性品种有辣椒、辣椒油、辣椒粉、郫县豆瓣、胡椒粉、姜、蒜、芥末等，是川菜烹调中最重要和丰富的调味料。辣味类别较多，按照其成分种类、浓度的不同而产生的不同辣感进行分类，主要分为三大类：第一，热辣（火辣）味。它是在口中能引起灼热感觉而无芳香的辣味，对鼻腔没有明显的刺激感。此类辣味调味料主要有辣椒、胡椒等。辣椒的主要辣味成分是类辣椒素，属于一类碳链长度为C8～C11不饱和单羧酸香草酰胺。胡椒的辣味成分是胡椒碱，是一种酰胺化合物，其不饱和烃基有顺反异构体，顺式双键越多时越辣，全反式结构也叫异胡椒碱。第二，辛辣（芳香辣）味。它不仅在口中能引起灼热感觉，还有较强的芳香味。此类辣味调味料主要有姜、肉豆蔻、丁香等。其中，鲜姜的辛辣成分是邻甲氧基苯基烷基酮类。鲜姜经干燥贮存，最有活性的6-姜醇会脱水生成姜酚类化合物，辛辣味变得更加强烈。但姜受热时，6-姜醇环上侧链断裂生成姜酮，辛辣味较为柔和。第三，刺激辣味。它能刺激口腔、鼻腔和眼睛等，具有味感、嗅感和催泪感。此类辣味调味料主要有蒜、葱、洋葱、芥末等。其中，蒜、葱、洋葱的辣味成分是二硫化物，在受热时会分解生成相应的硫醇，在烹制成熟后其辛辣味减弱并产生甜味。而芥末的辣味成分是异硫氰酸丙酯即芥子油，特点是刺激性辣味较强烈，在受热时会水解为异硫氰酸，使得辣味有所减弱。

以辣味调味料进行调味的关键之处在于辣味与其他呈味物质的复合。例如辣椒油是将辣椒与食用油混合而成的常见调味料，但以此为基础的发展变化则非常多，油脂特有的香味和浓厚味感是辣味最好的载体。此外，以其他香辛料为原料对辣味进行的香化处理，可以赋予辣味丰富的香感。而在对辣味调味料的组合使用上，川菜厨师别具匠心，将辣椒与其他香辛料组合，演变出各具风采的辣味，如辛香辣、鲜香辣、蒜香辣、孜香辣等，也使川菜的辣味变化无穷。辣味调味料适度的辣味可刺激唾液分泌和消化功能的提高，从而具有增进食欲、帮助消化的作用。

5. 鲜味

鲜味是一种重要的基本味，有掩盖苦味、柔和咸味、减少甜腻味等作用，使菜肴风味变得柔和、诱人。它是能体现菜肴鲜美之味的一种十分重要的基本味。鲜味也是一种复杂的综合味觉，目前据科学研究已证实，鲜味的呈味成分有氨基酸、核苷酸、酰胺、肽等多种物质，不仅来源于一些食材自身所含有的氨基酸等物质，也来源于一些调味料。

鲜味调味料主要有由多种食材制备的高汤以及味精、核苷酸、鸡粉等。肉类、鱼贝类、食用菌类等食材富含氨基酸等多种鲜味的呈味物质，自身鲜味十分突出，烹饪中常用这些食材制备高浓度的鲜汤，用来作为鲜味调味料，以提高菜品的鲜美度。味精是当今最常用的一种鲜味调味料，其主要成分是谷氨酸钠。当pH值＜5时，谷氨酸钠溶解度低，鲜味下降；而pH值＞8时，谷氨酸钠则以二钠盐的形式存在，碱性更高易消旋化，形成D-谷氨酸钠，使鲜味消失，所以味精的理想使用范围pH值应为6～8。此外，谷氨酸在高于150℃时会失水、分解破坏，鲜味会下降或消失，所以味精最好在食材加热成熟后、出锅之前放入其中，鲜味才最佳。

6. 香味

香味是一种重要的基本味，有增香、解腻、去腥和增进食欲等作用。据科学研究证实，香味的呈香物质大多是一些具有挥发性芳香气味的有机化合物，不仅来源于一些食物自身所含的具有挥发性芳香气味的有机化合物，如洋葱、萝卜、韭菜、芹菜等自身就带有天然香味，也来源于一些调味料。

香味调味料主要有各种辛香料和芝麻、酱类、鲜花、糟卤以及调香剂等。其中，香辛料中的八角、茴香、桂皮、丁香、桂花等都具有独特的香气成分，既可以单独调香，也可以混合使用， 使菜肴形成浓郁的香型。此外，在食物烹制时食材中的一些化合物会转化分解产生香味，如鱼、肉等加工加热烹制会产生鱼香、肉香等香气。调香剂具有强烈的香味，是利用动物的肉、骨、水解植物蛋白粉、酱粉等原料加工制备而来，形态多样，可以是膏状、油脂状或者粉状的，使用起来较为方便。需要注意的是，调制香味时应综合考虑食材、调味料及烹制工艺，切不可片面追求香味而滥用各种食品调香剂。在使用香味调味料进行烹调时，必须以食品安全为出发点与核心，严禁使用未经允许的食品调香剂，尽量采用无毒无害的天然调香剂。

7. 苦味

苦味是一种特殊的基本味，有消除异味、清香爽口的作用。苦味作为一种特殊的味道，许多人认为是不好的味道，是应该避免的。但是，苦味物质不仅仅赋予食品苦味，还有其他作用，如抗肿瘤、提高免疫力、降血压等。

苦味主要来自一些药食两用食材，如陈皮、杏仁、柚皮等，在生理调节和菜点调味上不可缺少。膳食中的多酚、黄酮、硫苷、萜等苦味成分虽很苦，却具有抗氧化、降低肿瘤、降低心血管疾病发病率等作用，常称为植物性营养素。苦味物质最显著的特点是阈值很低，即使是极少量的苦味物质也能被感知，例如奎宁，当含量在0.000 05%时就可以品尝出来。但是，将苦味与甜、酸、鲜或其他味感调节得当时，有改进膳食风味、增加味的复杂性、提高味的嗜好性等作用。如川菜厨师将陈皮与干辣椒、食盐、白糖、芝麻油、花椒等混合调味，陈皮中略苦之味融入辣味、甜味、香味、麻味等多种味道之中，更增加了味的复杂性、丰富性，提高了人们对这些融合之味的喜爱程度。

8. 麻味

麻味是一种特殊的基本味，有除异、去腥、解腻、提鲜等作用，川菜中最为常见而独特。

麻味主要来自花椒，花椒的叶、花、果皮等都含有麻味物质。所谓麻味物质，是指从花椒中提取的能够引起人体辛麻感觉的一类物质，通常是以山椒素为代表的链状多不饱和脂肪酸酰胺。到目前为止，已发现的花椒中含有的天然脂肪酸酰胺类物质大约有27种，主要是α山椒素、β山椒素、羟基-α-山椒素及其同分异构体、羟基-γ-山椒素及其同分异构体、花椒素及异花椒素等。中国传统养生学认为，花椒性涩、味麻，能解毒、杀虫、健胃、促进食欲、帮助消化。花椒含有精油，油中成分为枯醇、柠檬油醛等，味清香、鲜麻。在川菜烹调中，花椒既可单独使用，也常与辣椒等调味料配合使用，尤其是麻与辣结合更具独特之处，更能突出和增强菜品的鲜香味感，但是在使用时应注意花椒的用量恰当。

（二）复合味的概念、类别

复合味，是指两种或两种以上的单一味混合而成的新的味道，通常是由两种或两种以上的不同味道的调味料调和而产生的多种感觉，如酸甜、麻辣等。单一味是可数的，复合味则可以无穷。将各种调味料进行有目的的调制则可产生众多各具风味特色的复合味，并且常因调味料的组配比例不同、加入次序不同、烹调方法不同，复合味的风味各有不同。与此同时，不同的单一味混合在一起，各种味之间还常常相互产生影响，使其中一种味的强度发生一定程度上的改变。如在咸味中加入酸味的微量食醋，可使咸味增强；在酸味中加入甜味的食糖，可使酸味变得柔和。

复合味的调味料类别较多，可以按照混合后呈现的味道、加工制作方式等来划分。按照味道分类，有麻辣味调味料、辛香味调味料、咸香味调味料、酸甜味调味料、甜咸味调味料、咸鲜味调味料、糟香味调味料、鲜香味调味料等。其中，每一类下又有不同品种。如麻辣味调味料有辣椒油、火锅红油、麻辣香锅酱、剁椒酱、藤椒油等；辛香味调味料有蒜油、姜油、蒜蓉酱、五香粉等；咸香味调味料有复制红酱油、豆豉卤汁等。按照加工制作方式分类，主要有两大类：一是将各种调味料直接混合而成的复合味调味料；二是将各种调味料经过加热而成的复合调味料，其复合味主要产生于烹制过程中。以川菜独特的鱼香味调味料为例，凉菜鱼香味汁属于第一类，只是将食盐、白糖、酱油、醋与泡辣椒末、姜末、蒜末、葱花等多种调味料混合均匀即成，而热菜鱼香汁则属于第二类，需要将泡辣椒末、姜米、蒜米、葱花入锅炒香，再加食盐、白糖、酱油、醋、水淀粉等调成的芡汁调制而成。“食在中国，味在四川”，川菜以味见长，其核心在于善于利用各种调味料进行调味，将多种单一性的基本味混合，调制成众多特色鲜明的复合味，使绝大多数菜点呈现出丰富多彩的复合味。

二、味型与复合味型

（一）味型的来历、概念及其与复合味的关系

川菜早在汉晋时期就已逐渐形成“尚滋味”“好辛香”的基本风味特色和调味传统，经过上千年的发展，到现代则拥有“清鲜醇浓并重，善用麻辣”的风味特色，菜品味道丰富多彩，川菜厨师们凭着师徒传承和自己的经验在川菜烹调中不断实践、丰富，但长期缺乏系统的梳理和归纳总结，在川菜烹调技术包括调味方面缺乏较为完善的理论体系。直到20世纪80年代初，伴随着改革开放和经济建设步伐的加快和餐饮行业的发展，川菜在四川受到极大重视，川菜业界加强了对川菜烹调技术和包括调味技术的系统梳理和归纳总结。1981年，四川省饮食服务技工学校与天府酒家编撰的《川菜烹饪学》阐述了复合味的含义、调制方法及运用，提出：“复合味就是由两种或两种以上的调味品所组成的味。”该书指出尽管菜肴烹调的口味多种多样，变化万千，但就单纯由调味品所配合组成的复合味来讲，常用的有两大类、共30种：第一类是冷菜复合味，包括红油味、姜汁味、蒜泥味、椒麻味、怪味、白油味、芥末味、麻酱味、麻辣味、椒盐味、糖醋味、酸辣味、葱油味、五香味、陈皮味、香糟味、糟味、酱味等18种；第二类是热菜复合味，包括鱼香味、糖醋味、荔枝味、麻辣味、煳辣味、咸鲜味、咸甜味、甜咸味、家常味、豆瓣味、酸辣味、甜味等12种。到1984年，四川省蔬菜饮食服务公司组织成都、重庆及四川其他地区厨师和相关人员编撰出版《川菜烹饪事典》，不仅将“复合味”与“味型”等并列为词条阐述了各自的含义，而且首次系统梳理、总结并明确地记载川菜常用味型共23种。该书指出，“复合味，由两种或两种以上的不同味道的调味品调和而成的味道。川菜烹调中，除极少数外，都是复合味。常用的20多种味型，无不如此”“（味型）用几种调味品调和而成的，具有各自的本质特征的风味类别……川菜常用的20多种味型，都互有差异，各具特色，反映了调味变化之精微，并形成了四川菜系的独特风格。”该书于1985年由重庆出版社出版，是我国第一部以地方菜为核心全面介绍其烹饪文化、烹饪技艺、名菜名点及相关烹饪科学知识的工具书。从书中对这两个词含义的界

定可以看出味型与复合味的关系，即味型通常是由两种或两种以上调味料调和而成的、具有本质特征的一种风味类型，味型属于复合味，又可以称为复合味型，但是，味型不能等同于复合味，复合味的范围更广，不仅包括味型（即复合味型），也包括通常由两种或两种以上调味料调和，但未形成具有本质特征的一种风味类型。

（二）川菜的常用复合味型与复合味

《川菜烹饪事典》在对“复合味”及“味型”的含义进行明确界定后，基于味型与复合味的关系，系统梳理、总结和记载了川菜常用味型即复合味型为23种，并且较为详细地阐述了每一种味型的特点、所用调味料及调制方法、应用范围。23种常用味型分别是家常味型、鱼香味型、麻辣味型、怪味味型、椒麻味型、酸辣味型、煳辣味型、红油味型、咸鲜味型、蒜泥味型、姜汁味型、麻酱味型、酱香味型、烟香味型、荔枝味型、五香味型、香糟味型、糖醋味型、甜香味型、陈皮味型、芥末味型、咸甜味型、椒盐味型。此后，川菜23种常用味型得到川菜业界专家学者和厨师们较为广泛的认可。熊四智、侯汉初等人于1987年编撰的《川菜烹调技术》，熊四智、杜莉、高海薇于1993年编撰的《川食奥秘》等书皆采用此说法。到20世纪90年代末，随着改革开放的深入，国内外饮食文化交流不断加强，川菜厨师吸收省外、国外的调味料和风味，不断探索和创制新的复合味及味型，因此在1999年修订《川菜烹饪事典》时增加了一种“茄汁味型”，由此川菜常用味型被确定为24种。

进入21世纪后，川菜出现跨越式发展，川菜厨师使用的调味料更加丰富多样，一方面将川菜传统的常用味型不断发扬光大，另一方面大胆探索、创制出越来越多的新的复合味。2007年，邓开荣、陈小林主编的《川菜厨艺大全》指出，味型是“不同风味菜肴本质特征的类别划分”，归纳总结的川菜常用味型为26种，即在此前的24种味型基础上增加了“豉汁味型”“孜然味型”；同时，还新增了“川菜新潮味”，如将可乐、皮蛋、茶叶等也充作调味料进行调味，“这些‘另类’的味道虽未进入川菜基本味型的序列，却反映了川味中不断延伸自己的内涵和外延”。该书记载了10种创新的复合味及其特点与运用，包括可乐味、奇香酱汁味、茶香味、沙嗲辣酱味、避风塘家常味、避风塘陈皮味、避风塘孜然味、避风塘飘香味、三椒味、野山椒味等。从这些创新复合味来看，许多复合味还在发展过程中，在本质特征上有所欠缺，尚未得到较为广泛的公认。截至目前，这种将味型（复合味型）与复合味的区分方法得到一定程度的沿用。因此，有时，人们将川菜常用味型（复合味型）也简称作复合味。有时，人们则将用两种或两种以上调味料调制而形成的、具有本质特征且较为公认的一种风味类型，称作复合味型，如麻辣味型、怪味味型，而将用两种或两种以上调味料调制而成，但欠缺本质特征或还未得到较为公认的一种风味类型称作复合味，如藤椒味、藿香味等。2009年起开始编撰、2016年出版的《四川省志·川菜志》设有“复合味型及特色烹饪”一章，指出：“当今，川菜在传统味型基础上不断创新，丰富川菜味型体系。如‘家常味’（即家常味型——编者注），则派生出泡椒家常、水豆豉家常、鲊辣椒家常、糍椒家常、鲜（辣）椒家常；‘麻辣味’（即麻辣味型——编者注）则派生出鲜椒麻辣味、孜然麻辣味等。同时，一些新颖的复合味，如青椒（即青花椒）味、水果味等正在流行发展之中。川菜烹饪领域比较认同的有24种复合味型。”该书将24种复合味型分为两类：一类是独具特色的复合味型，包括鱼香味型、麻辣味型、家常味型、椒麻味型、怪味味型等5种，另一类是其他常见复合味型，包括其余19种。书中简要介绍了每一种常见复合味型的特点、调制方法及其中衍生的复合味等，但没有涉及和介绍还未形成本质特征、未得到较为认同的创新复合味。

三、调味的作用、原理、方法及原则

使用调味料进行调味，是菜品复合味型（复合味）形成的重要途径和手段，对菜品的风味特色起着决定性作用。川菜口味多种多样、变化万千，其主要原因是巧妙调味，不仅是采用恰当的调味方法，也始终体现和遵循着调味原理与调味原则。

（一）调味作用

调味是决定菜肴“味”的关键性环节。对于菜品而言，调味主要具有除异解腻、增香赋味、定味成菜、增色添彩、增强食欲等5项作用。

1. 除异解腻

许多禽畜及水产食材具有或多或少的腥膻等异味，而采用调味料进行调味，可以起到去腥除膻的作用。如具有腥膻气味的牛肉、羊肉和水产品等，通过焯水只能去除其中的部分异味，还需要在加热烹制时加入葱、姜、盐、酒、糖、八角、花椒等调味料，才能更多地去除异味。此外，有些比较油腻的肉类食材，在烹制时加入适当的调味料也能起到减少油腻的作用。

2. 增香赋味

许多食材本身的味道很单一或很淡薄，常常需要通过在烹制中加入多种提鲜增香的调味料进行调味，则可以增加食材的多种味道，赋予其鲜香美味。如豆腐，自身味道极淡，在烹制过程中加入食盐、醋、葱、姜、蒜等调味料，或者在烹制后配以这些调味料的蘸碟，能增香赋味。又如海参，自身基本没有味道，需要与多种调味料及鲜汤一同烹制，才能获得香美滋味。

3. 定味成菜

菜肴的味道主要依靠调味来决定，调味是形成菜肴不同风味的重要手段。如以鸡肉片为主要食材，加入烹制红油味的调料即辣椒油、酱油、食盐、白糖、芝麻油等进行调味，则成为咸、鲜、辣、微甜且具有辣椒油的香味的红油鸡片；加入烹制蒜泥味的调料即蒜、辣椒油、白糖、食盐、酱油、芝麻油进行调味，则成为咸、鲜、辣、微甜且蒜香突出的蒜泥鸡片。

4. 增色添彩

许多调味料有着较深的颜色，用它们对食材进行调味，可以增加和丰富菜品的色彩。如酱油、醋色泽呈酱红或深褐色，红腐乳汁呈玫瑰红色，番茄酱呈鲜红色等，将它们巧妙地运用在食材的调味之中，不仅可使菜肴获得相应的味道，还可使菜肴增色添彩，达到味美色佳。

5. 增强食欲

烹制菜品的目的是给人食用，以满足人的生理和心理需要。而对食材进行调味，烹制出色香味美的菜品，能够增进人的食欲，增进消化与胃的反射性分泌和吸收消化功能。如面对一份未进行调味的熟制鲤鱼，会让人缺少食欲，但如果用食盐、白糖和醋等烹调而成糖醋鱼，则会让人食欲大增。

（二）调味原理

调味就是把调味原料依照其不同的特性和作用进行复配，通过调味工艺调配成所需要的口味。调味料味感的构成包括观感、嗅感和口感，是各调味品物理、化学反应的综合结果，是人们生理和心理的综合反应。川菜特别重视巧妙调味，要求做到“酸而不酷，咸而不减，甘而不浓，澹而不薄，辛而不烈”，其中则暗含着调味原理。从食品化学的角度讲，当两种及两种以上的呈味成分共存时，这些味会相互影响和牵制，即味的相互作用。各种调味料味感成分相互作用的结果决定了菜点的口味，而味感成分的相互关系是调味的理论基础。味的组合虽然千变万化，但也有其组合原则和规律。对于味的组合原则及规律，许多学者有相关研究，如刘文君在《调味的基本原理和方法》一文中提出了调味的基本原理有5个，即味强化原理、味掩蔽原理、味派生原理、味干涉原理及味反应原理。川菜的调味是将各种呈味物质在一定条件下进行组合而产生新的复合味或味型，其调味主要反映和遵循着以下4个原理。

1. 味强化原理

味强化原理，是指一种味加入另一种味之中会使另一种味得到一定程度增强的原理。这两种味可以是相同的，也可以是不同的，而且同味强化的结果有时会远远大于两种味感的叠加。味的强化原理主要表现为两类：第一，味的增效作用。它也可称作味的突出，即通常所说的提味，是将两种以上不同味道的呈味物质按悬殊比例进行混合使用，从而突出量大的那种呈味物质的味道。即将某一种调味料极少量地加入到另一种主要调味料中，能让主味变强或提高主味的表现力。如将少量芝麻油加入辣椒中，会更突出辣椒的香气。川菜麻辣味型的主要调味料有花椒、辣椒油、干辣椒、郫县豆瓣（辣椒酱）、食盐、白糖、酱油、芝麻油、味精。其中，少量芝麻油的添加，能让麻辣味型具有更为突出的辣椒香味，这便是味的增效作用，也即体现了该原理。第二，味的增幅效应。它也称两味的相乘，是将两种以上同一味道物质混合使用，从而使其中的一种味道进一步增强。川菜糖醋味型的调制就体现了该原理。糖醋味型的主要调味料为白糖、醋、食盐。其中，将少量的食盐加入到白糖和醋之中，既能定咸味，更能进一步使酸甜味突出，并增加甜酸味的醇厚感。此外，味精（谷氨酸钠）与核苷酸类鲜味剂合用，具有明显的协同增幅效应，一般可增味10～20倍。

2. 味掩蔽原理

味掩蔽原理，又称味的抑制效应、味的相抵作用，是指将两种以上味道明显不同的主味物质混合使用而导致其呈味物质的味道减弱乃至消失的原理。有时将一种呈味物质加入到另一种呈味物质之中，能减轻另一种呈味物质的味感。如苦味与甜味、酸味与甜味、咸味与酸味等具有明显的相抵作用。这些具有相抵作用的呈味成分可作为遮蔽剂，掩盖原有的味道。在1%～2%的食盐溶液中，添加7～10倍的蔗糖，其咸味大致被抵消。如在较咸的汤里放少许黑胡椒，就能使汤的味道变得圆润，这属于胡椒的抑制效果；如在很辣的辣椒里加上适量的糖、盐、味精等调味料，不仅能够减弱和缓解辣味，还能使整个味道也更加丰富。川菜红油味型的调制便体现了味掩蔽原理。红油味型的主要调味料有辣椒油、酱油、食盐、白糖、芝麻油、味精。适量的糖、食盐和味精减弱了辣椒的辣味，使红油味型的辣味醇厚而不刺激。

3. 味派生原理

味派生原理，是指将多种味道不同的呈味物质混合使用，致使各种呈味物质的本味均发生转变的原理，即“五味调和百味香”。如豆腥味与焦苦味结合，能产生肉鲜味；炒鸡蛋加上醋，会产生蟹之味。川菜的煳辣味型和怪味味型的调制便体现了味派生原理。煳辣味型的主要调味料有干辣椒、花椒、食盐、白糖、酱油、醋、姜、蒜、葱和味精。其中，干辣椒和花椒用热油炒香，呈棕红色，加上用量和比例恰当的白糖和醋等，就产生了多种味道，表现为咸鲜麻辣，略带甜酸，并且具有干辣椒和花椒炒后产生的特殊香味。怪味味型的主要调味料有食盐、白糖、酱油、醋、芝麻酱、辣椒油、花椒、芝麻油、白芝麻、味精。其中，花椒、辣椒油加入食盐、白糖、酱油、醋、芝麻酱、味精等烹制融和后产生了更加丰富多样的味道，其表现为咸、甜、麻、辣、酸、香、鲜各味均衡，因其味道丰富、各味均衡，难以用其中一种或两种味道来命名，则称之为怪味。

4. 味反应原理

味反应原理，即味感受原理，是对食物的组织形态、色泽、香味等产生感受的原理。人们的味感会因食物组织形态、色泽、香味等的不同而发生改变。如食物有黏稠度、醇厚度则能增强味感，食物的细腻更可以美化口感。食物有香味、色彩则能给人带来愉悦感，对食物进行恰当的增香、着色，人们在食用时就能产生愉悦的感受。此外，油脂可提高食物味感的浓烈度和持续性。由于味道的化学结构不同及脂肪酸的链长度差异，使得味道成分在油态和水态彼此分离，溶于水的味首先释放并很快消散，溶于油脂的味则是后释放出来的、能产生连续的味道的感觉，因此，低油脂食物不能具有高油脂食物的浓烈和持续的味觉，同时油脂本身也提供口感和浓度。川菜中热菜鱼香味型的调味就体现了味反应原理。调制热菜鱼香味汁时，首先要将姜、蒜等调味料切成细末，其中泡辣椒还应去蒂、去籽后剁碎成细末；其次应将泡辣椒和郫县豆瓣、姜、蒜、葱入热油中炒香且油呈红色，再勾芡调和味汁，使味汁浓稠。浓稠的味汁可延长其味在口腔内的黏着时间，由此舌上味蕾对其味道的感受时间也相应地延长。这样，当前一口食物的呈味感受还未消失，后一口食物又接触到舌头味蕾，从而能产生连续的美味感受；而细腻的食物可美化口感，使得更多的呈味粒子与味蕾接触，味感更丰满。

俗话说，“五味调和百味香”。每一种调味料的味道是单一的、基本不变的，将调味料组合起来，则调制出的味道是丰富多彩的、千变万化的。但在调味的过程中应当遵循和体现调味基本原理，既节省调味料，又能充分发挥其作用，做到绿色低碳且美味可口。因此，面对品类众多、特性各异、相互之间还会发生反应的调味料，要认真研究和掌握每一种调味料的特性，按照菜品所需风味的要求，进行科学配伍、准确调味、使之有机结合而产生美味，防止过度使用甚至滥用调味料而导致味的互相抵消、互相压抑、互相掩盖，造成味觉上的混乱和调味料的浪费。可以说，调味是一个复杂的过程，各呈味物质之间或呈味物质与其味感之间的相互影响及所引起的心理作用，都是非常微妙的，其中的机理也十分纷繁复杂，还需要加以深入研究。

（三）调味方法

这里的调味主要是针对菜品烹调而言，是运用各种调味料来调和菜品的味道。按照菜品烹调加工顺序来分，调味方法主要分为两个步骤，即调味料的选择和调味料的使用。

1. 调味料的选择

清代袁枚在《随园食单》中专列“作料须知”，指出：“厨者之作料，如妇人之衣服首饰也。虽有天姿，虽善涂抹，而敝衣蓝缕，西子亦难以为容。善烹调者，酱用伏酱，先尝甘否；油用香油，须审生熟；酒用酒酿，应去糟粕；醋用米醋，须求清冽。”袁枚认为厨师必须恰当地选择调味料对食材进行调味，才能突显食材之美、成为美馔佳肴。具体而言，在进行菜品的烹调之前，应当根据菜品的风味要求及调味过程中存在的调味原理等因素来选择品质相应、用量恰当的相关调味料。其中，根据菜品的风味要求确定所需调味料的品类、用量是十分重要的。首先应确定调味料的风味特点，即调味料的主体味道轮廓，再根据其调味料的香味强度并结合加工过程产生香味的因素，确定出相应的使用量。此时还应考虑下料的次序与时间，力求下料规格化、标准化，做到同一菜品重复制作多次，其调制出的味能基本一致。此外，调味是一个非常复杂的动态过程，随着时间的延长，味还有变化，因此，选择调味料时还应综合考虑调味工艺，遵循在调制过程中的味强化原理、味掩蔽原理、味派生原理、味反应原理，才能做到事半功倍。

2. 调味料的使用

调味料的使用是指在烹制加工过程中加入调味料进行调味。使用调味料对菜品的调味，可以分为加热、不加热两类。其中，不加热的调味在菜品烹调中占有较小比例，如许多凉拌菜是直接将调味料加入食材中拌和均匀即可，包括川菜著名的凉拌侧耳根、凉拌三丝等，都是将食盐、酱油、醋、辣椒油等调味料直接放入食材中。但是，加热的调味在菜品烹调中占有较大比例。对于加热的调味，则可以按照时段来划分，主要有以下三种。

1）加热前调味

加热前调味，是指食材在加热烹制之前先加入调味料进行腌渍码味或挂糊上浆处理，以确定菜品风味的基础。如肉类食材在加热烹制前加入盐、葱、姜、料酒、花椒、香辛料、酱油等调味料进行腌渍码味，就能除去部分腥、膻等异味，增加鲜味，同时食材经调味料腌渍码味后，调味料的味道渗透其中，可以使加热烹制后的成菜品增加滋味。蔬菜类食材在加热烹制前加入盐，在盐的作用下会渗

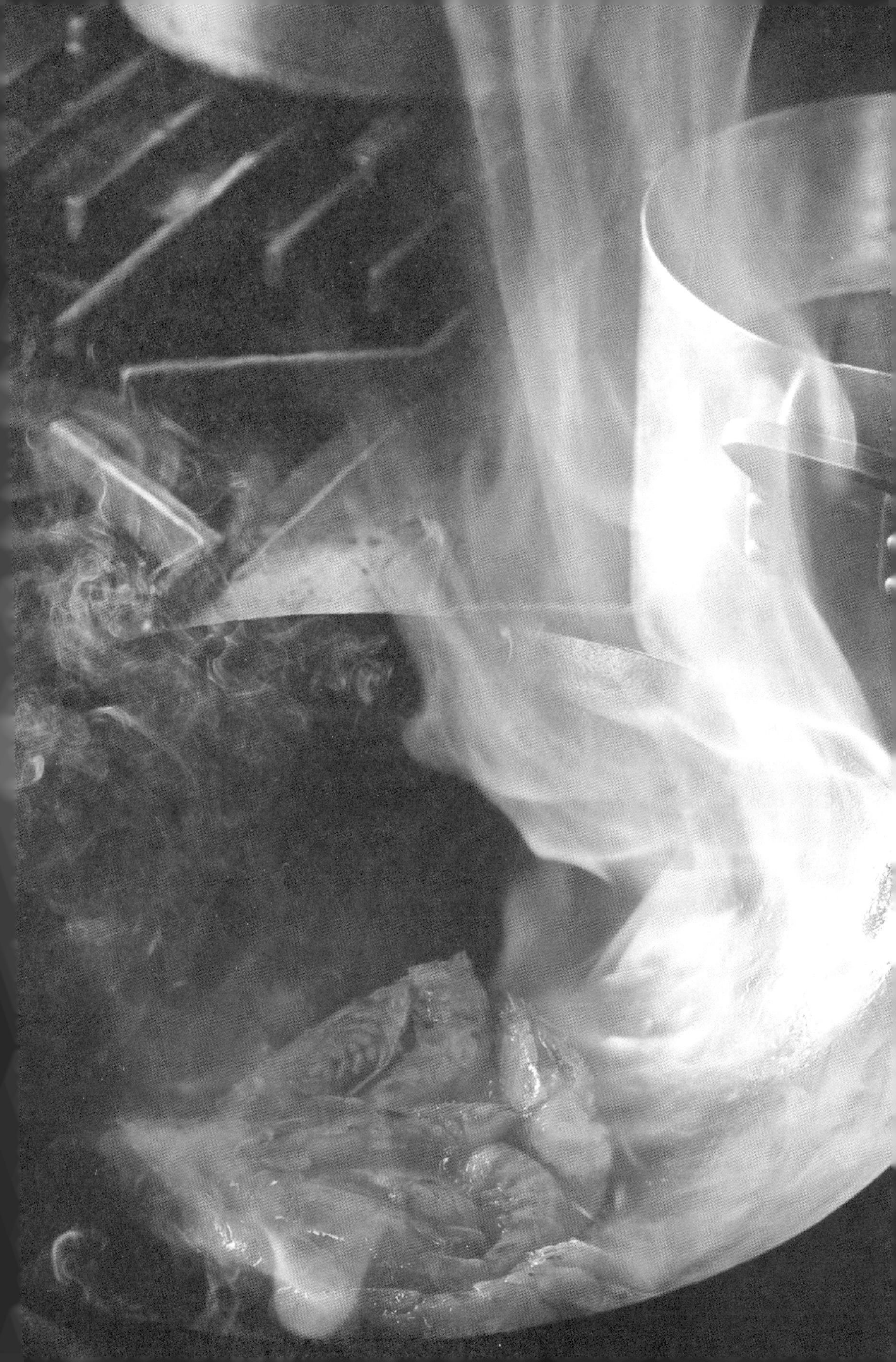

出过多的水分、去掉土涩等异味，突出食材自身鲜味，且更易于吸收其他调味料，成菜后保持食材本身的细嫩、鲜脆。如粉蒸肉、甜烧白等，就是在加热烹制前将相应的调味料加入食材后拌匀，放入碗中，上笼后加热蒸熟即成。

2）加热中调味

加热中调味，是指食材在加热烹制的过程中加入调味料共同加热烹调，以确定菜品风味的主体。调味料和食材在共同加热烹制过程中相互之间发生的物理、化学反应，将丰富菜肴的风味物质，提升菜肴味道。如杨育才、王桂英等在《食盐对鸡汤挥发性风味物质的影响》一文指出，通过研究发现在鸡汤加热烹制过程中，在水沸时加入食盐，随着食盐添加量的增加，鸡汤风味成分增多，感官评价结果显示，当食盐添加量为2%时，鸡汤感官评分最高，且挥发性风味物质组成较为丰富，食盐不仅可以改善咸味，还可以提取盐溶性蛋白，有效增加鸡汤中的呈味物质，提高风味。加热中调味在菜品的烹调中使用非常普遍，既适合采用炒、爆、熘、煸等烹饪方法一锅成菜的菜品，也适合采用烧、烩、焖、煨等烹饪方法成菜的菜品。如火爆腰花、回锅肉、糖粘花生仁等，都是在食材加热过程中加入调味料共同烹调成菜。

3）加热后调味

加热后调味，是指在食材加热成熟后再加入调味料进行调味，对菜品的风味特色起辅助作用。这种调味料的使用方法常用于卤、炸、烤类烹饪方法制作的菜品，如卤味拼盘、炸酥肉、碳烤肉等上桌时加入辣椒粉、椒盐等调味料，以增添其风味，也适用于可以带味碟上的一些菜品，如河水豆花、炖蹄花等加热烹制好后需要配调味料制成的蘸碟。

需要指出的是，在菜品的加热烹制过程中以上三种调味料使用的方法，简单地使用一种方法是较少出现的，大量的是两种方法或三种方法一起使用。最典型的是毛肚火锅，其烫涮的一些食材需要在加热前腌渍码味，然后加入麻辣的调味汤汁中加热涮烫，取出后再放入装有调味汁的油碟或其他味碟中食用。因此，必须根据菜品的风味要求选择不同的调味方法。

（四）调味原则

川菜善于巧妙调味，常用复合味型众多，创新复合味层出不穷。人们在对菜品进行调味时，不仅根据菜品的风味需要熟练地运用调味方法，暗含和体现调味的基本规律和基本原理，而且十分注重遵循以下4项调味基本原则。

1）因料调味

清代袁枚《随园食单》专列“调剂须知”言：“调剂之法，相物而施。”即调剂味道的方法，要因菜而定。他举例指出：“有酒、水兼用者，有专用酒不用水者，有专用水不用酒者；有盐、酱并用者，有专用清酱不用盐者，有用盐不用酱者；有物太腻，要用油先炙者；有气太腥，要用醋先喷者；有取鲜必用冰糖者；有以干燥为贵者，使其味入于内，煎炒之物是也；有以汤多为贵者，使其味溢于外，清浮之物是也。”不同食材有各自不同的味道，必须做到“有味使之出，无味使之入”。如鸡、鸭、鱼肉和菌菇等食材自身具有很鲜美的味道，调味时就需要尽力突显其鲜美之味；干制海产品如海参等，经过涨发后自身已缺乏鲜味，在调味时则要尽量使用鲜味较足的高汤或调味料，使它们的味道融入食材之中，从而赋予菜品以美味；牛肉、羊肉等既有鲜美之味，也有腥膻味，在烹制过程中则必须加入一些去腥除膻、增香的调味料，以去除异味，赋予菜品新的美味。

2）因地调味

俗话说，“一方水土养一方人”。我国幅员辽阔，各地的自然条件和社会环境等的不同，导致了人们饮食习惯上的差异，出现了“南甜、北咸、东淡、西浓”的局面。因此，对食材进行调味时必须做到因地制宜。虽然川菜菜品在长期发展过程中形成了自身的风味特点，具有相应的味型或复合味，但是，在不同地区烹调时也应适当地做出相应的调整。如在广东地区制作麻辣类川菜品种，其麻辣调味料可以适当减少，使其麻辣程度有所降低，以符合更多当地人的需要。

3）因时调味

中国菜包括川菜从古至今都十分讲究“合乎时序为美”。《礼记·内则》指出：“凡和，春多酸，夏多苦，秋多辛，冬多咸，调以滑甘。”说明在调味过程中要与季节相适应。清代袁枚《随园食单》专列“时节须知”，言：“夏日长而热，宰杀太早，则肉败矣。冬日短而寒，烹饪稍迟，则物生矣。冬宜食牛羊，移之于夏，非其时也。夏宜食干腊，移之于冬，非其时也。辅佐之物，夏宜用芥末，冬宜用胡椒。”人的口味会随着季节、气候的变化而变化，菜品烹调时必须根据不同季节、气候选用不同的食材和调味料，并且根据不同季节、气候进行适当调味。如夏季炎热，人体消化能力下降，菜品烹制时宜选用口味清淡、颜色较浅的调味料进行调味；冬季寒冷，人的口味较夏季稍重，菜品烹制时可选用味浓厚、颜色深的调味料进行调味。

4）因人调味

宋代苏易简说“物无定味，适口者珍”。菜品烹制的目的是满足人的饮食需要，因此，在烹制菜肴前最好能预先了解就餐者的口味偏好，根据其需求来调味，做到因人调味。一般而言，老年人看重菜品的营养健康，讲究原汁原味；儿童对菜品口味的要求不高，但喜欢色彩鲜艳、形状各异的菜品；中青年人需求更丰富多样，或注重味觉、视觉等体验，或要求方便快捷。因此，面对不同的消费人群，需要尽量采用恰当的调味料进行调味，尽量满足各自不同的需求。

第二节 | 川菜复合味型的调制规范及运用

川菜历史悠久，以味见长，尤其擅长调制复合味型。1999年修订《川菜烹饪事典》时增加了一种“茄汁味型”，由此川菜常用的复合味型为24种。进入21世纪，随着川菜的跨越式发展和人们对菜点方便快捷、品质稳定等需求，川菜的标准化、工业化、连锁化和国际化进程不断加快，而川菜的标准化是重要基础，为此，“中国川菜系列标准”应运而生。2010年，四川烹饪高等专科学校（后升格为四川旅游学院）川菜发展研究中心牵头制订了地方标准《中国川菜烹饪工艺规范》（DB51/T 1416—2011），由四川省质量技术监督局于2011年颁布实施。该标准在调味工艺部分将24种常用复合味型按照口味特点，分为特色复合味型和其他常见复合味型，并从主要调味料、加工制作要求、感官要求及配方、工艺流程等方面进行了规定。2012年，该标准进行修订、完善，成为国内贸易行业标准《川菜烹饪工艺》（SB/T 10946—2012），由中华人民共和国商务部于2013年颁布实施。这里即以《川菜烹饪工艺规范》中调味工艺的主要内容为基础，阐述川菜传统常见复合味型的调制规范及代表性运用情况。除此之外，与时俱进，也收集并阐述一些创新复合味的调制规范及代表性运用情况。

一、川菜特色复合味型的调制规范及运用

川菜特色复合味型，是指与其他地方菜比较而言，最具独特性和突出特征的川菜常见复合味型，包括麻辣味型、鱼香味型、红油味型、怪味型、椒麻味型、蒜泥味型、姜汁味型、家常味型、煳辣味型、陈皮味型、荔枝味型、椒盐味型等12种。

（一）麻辣味型

1. 麻辣味型的调制规范

（1）风味特征：色泽红亮，麻、辣、咸、鲜，具有辣椒、花椒的独特香味。

（2）主要调味料：花椒、辣椒油、干辣椒、郫县豆瓣（辣椒酱）、食盐、白糖、酱油、芝麻油、味精。

（3）主要调制工艺

麻辣味型的调制分为凉菜麻辣味汁、热菜麻辣味汁，分别有不同的调制工艺。

① 凉菜麻辣味汁调制工艺

花椒粉、辣椒油、食盐、白糖、酱油、芝麻油、味精、冷鲜汤入碗→调匀。

② 热菜麻辣味汁调制工艺

锅中放油烧至120℃→加入辣椒粉（干辣椒）、郫县豆瓣（辣椒酱）、花椒（花椒粉）炒香→掺入鲜汤→入食盐、白糖、酱油、芝麻油、味精烧沸→入水淀粉收汁浓稠→装入盛器。

（4）加工制作要求

①花椒炒香，根据成菜需要，选择花椒颗粒或花椒粉（或直接选用花椒油）。

②干辣椒炒香，根据成菜需要，选择辣椒节或辣椒粉（或直接选用辣椒油）。

③根据成菜需要选择使用白糖并控制好用量，以不能尝到甜味为度。

④咸味应足，以充分衬托麻辣风味。

⑤炒制郫县豆瓣（辣椒酱）、辣椒粉等调味料时应用小火低油温炒香且油呈红色。

2. 麻辣味型的代表性运用

麻辣味型系川菜最具特色的一种复合味型，是在咸鲜味的基础上突出麻辣两味。其麻辣风味及味感层次因花椒和辣椒的运用而异，麻味呈现有用花椒粒的、有用花椒粉的、有用花椒油的，辣味呈现有用郫县豆瓣（辣椒酱）的、有用辣椒粉的、有用干辣椒的、有用辣椒油的。菜品的麻辣风味由花椒、辣椒选择的组合来确定，虽然并非一个模式，但都应做到麻而不木、辣而不燥，麻中有香、辣中有鲜。麻辣味型的代表性烹调运用可分为凉菜、热菜两类，而每类之下又可分为若干种，现择其要者介绍如下：

1）凉拌类麻辣味型Ⅰ：夫妻肺片

食材配方

牛肉100g、牛杂（牛肚、牛心、牛舌、牛头皮）150g、卤水2 000g、食盐0.5g、酱油10g、辣椒油50g、花椒粉1g、芝麻粉10g、盐酥花生仁碎20g、芹菜碎20g、味精1g

制作工艺

①牛肉、牛杂分别焯水后捞出，放入卤水中卤至软熟时捞出，晾凉后切成长约6cm、宽约3cm、厚约0.2cm的片。

②取卤水50g盛入碗内，加入食盐、酱油、花椒粉、辣椒油、味精调成麻辣味汁。

③牛肉、牛杂片混合后装盘，淋入麻辣味汁，撒上芝麻粉、盐酥花生仁碎和芹菜碎。

2）凉拌类麻辣味型Ⅱ：麻辣鸡片

食材配方

熟鸡肉200g、笋片100g、花椒粉3g、辣椒油60g、食盐2g、白糖1g、酱油26g、芝麻油2g、味精1g

制作工艺

①笋片焯水后捞出，晾凉，装入盘中垫底。

②依次将食盐、味精、白糖、酱油、辣椒油、花椒粉、芝麻油入碗搅匀，调成麻辣味汁。

③熟鸡肉片成片，装入垫有笋片的盘中，淋上麻辣味汁即成。

3）炸收类麻辣味型Ⅰ：花椒鸡丁

食材配方

鸡肉600g、花椒5g、干辣椒节23g、食盐8g、姜片10g、葱段15g、料酒15g、味精1g、白糖5g、糖色20g、芝麻油4g、鲜汤300g、食用油800g（约耗60g）

制作工艺

①鸡肉切成2cm见方的丁，加入食盐、料酒、姜片、葱段码味15min。

②锅置火上，放油烧至180℃，放入鸡丁炸至表面干香、呈浅棕红色时捞出。

③锅置火上，放油烧至120℃，放入干辣椒节、花椒炒香，入鸡丁略炒，掺入鲜汤，加入食盐、白糖、料酒、糖色，用中小火将锅中汁水收至将干时，加入味精、芝麻油炒匀，出锅。

④鸡丁晾凉后装入盘中，点缀干辣椒节、花椒即成。

4）炸收类麻辣味型Ⅱ：麻辣牛肉干

食材配方

牛肉250g、卤水1000g、鲜汤200g、花椒粉1g、辣椒粉15g、糖色5g、食盐3.5g、白糖5g、味精1g、辣椒油20g、芝麻油5g、料酒10g、食用油1000g（约耗40g）

制作工艺

①牛肉加入食盐、料酒腌渍入味。

②牛肉焯水后捞出，入卤水锅中卤煮至熟，捞出、晾凉，横切成小一字条。

③锅置火上，放油烧至180℃，放入牛肉条炸至表皮略酥时捞出。

④锅置火上，放入食用油、牛肉条、鲜汤、食盐、料酒、糖色、白糖收至汁水将干，再放入辣椒粉、花椒粉、辣椒油、芝麻油、味精炒匀，倒入盛器，晾凉，装盘。

5）烧菜类麻辣味型：麻婆豆腐

食材配方

豆腐400g、牛肉50g、蒜苗30g、郫县豆瓣40g、蒜米20g、豆豉6g、辣椒粉7g、食盐11g、味精2g、花椒粉1g、酱油10g、料酒5g、鲜汤200g、水淀粉30g、食用油70g

制作工艺

①豆腐切成2cm见方的丁，放入有食盐10g的沸水中浸泡。

②牛肉加工成末，入锅炒散，入食盐1g、料酒炒酥香。

③蒜苗切成马耳朵形或长约3cm的节。

④锅置火上，放油烧至100℃，放入郫县豆瓣、辣椒粉、蒜米、豆豉炒香，掺入鲜汤，入酱油、豆腐、牛肉末烧至成熟，入蒜苗、味精、花椒粉、水淀粉，收汁浓稠呈干二流芡状，出锅、装碗。

6）水煮类麻辣味型：水煮牛肉

食材配方

牛肉200g、蒜苗100g、芹菜100g、青笋尖150g、干辣椒20g、花椒5g、郫县豆瓣80g、食盐3g、酱油8g、料酒15g、味精2g、鲜汤350g、水淀粉70g、食用油180g

制作工艺

①牛肉横切成薄片，加入食盐1g、料酒5g、水淀粉拌匀。

②蒜苗、芹菜切成长约10cm的段，青笋尖切成长约10cm的片。

③干辣椒、花椒炒香，晾凉后加工成双椒末。

④锅置火上，入蒜苗、芹菜、青笋尖和食盐2g炒至断生，装入碗中垫底。

⑤锅置火上，放油烧至100℃，放入郫县豆瓣炒香，入鲜汤、酱油、料酒10g、味精烧沸，入牛肉煮至成熟，倒入碗中，撒上双椒末，淋上180～200℃的热油。

7）干煸类麻辣味型：干煸鳝丝

食材配方

鳝鱼片300g、芹菜50g、蒜苗30g、姜丝15g、郫县豆瓣35g、食盐0.5g、味精1g、白糖1g、料酒20g、花椒粉0.5g、芝麻油3g、食用油1000g（约耗70g）

制作工艺

①鳝鱼片加入食盐揉搓后用清水洗净，斜切成长约8cm、粗约0.4cm的丝。

②芹菜、蒜苗分别切成长4cm的节，再将蒜苗对剖为四牙瓣。

③锅置火上，放油烧至180℃，放入鳝鱼丝炸至外酥香时滗去余油，入郫县豆瓣炒香且油呈红色，入姜丝、料酒炒香，入芹菜、蒜苗炒断生，入食盐、味精、白糖、芝麻油炒匀，起锅装盘，撒上花椒粉成菜。

8）粉蒸类麻辣味型：粉蒸羊肉

食材配方

羊肉100g、姜末2g、葱5g、花椒0.5g、郫县豆瓣12g、酱油1g、食盐0.2g、味精0.2g、腐乳汁5g、醪糟汁4g、料酒3g、胡椒粉0.1g、鲜汤10g、生菜籽油10g、蒸肉米粉30g、辣椒油15g、花椒粉0.2g、蒜泥10g、香菜碎5g

制作工艺

①羊肉切成薄片；花椒与葱混合，剁碎成粗椒麻；郫县豆瓣剁细。

②羊肉片入盆，放入郫县豆瓣、食盐、腐乳汁、醪糟汁、姜末、粗椒麻、胡椒粉、味精、鲜汤、生菜籽油拌匀，入蒸肉米粉拌匀。

③将裹有米粉的羊肉片装入蒸碗（或小竹蒸笼）中，蒸30min时取出，翻扣于盘内，放入辣椒油、花椒粉、蒜泥、香菜碎成菜。

9）面点小吃类麻辣味型： 宜宾燃面

食材配方

湿细面条150g、碎米芽菜12g、酱油5g、食盐1g、白糖1g、芝麻油10g、葱油5g、花椒粉0.5g、芝麻酱6g、熟花生仁碎15g、熟核桃仁碎10g、葱花8g、红油辣椒25g、菜籽油2g。

制作工艺

①碎米芽菜用菜籽油炒香。

②面条煮熟后捞出，甩干水分，加芝麻油拌匀。

③酱油、食盐、芝麻酱、白糖、花椒粉、碎米芽菜、红油辣椒放入碗内搅匀，装入面条，放入熟花生仁碎、熟核桃仁碎和葱花。

在川菜的麻辣味型中，火锅是
最具鲜明特色的菜式之一

10）火锅类麻辣味型：麻辣火锅

食材配方

①烫涮食材：毛肚、鹅肠、黄喉、鹅肫、鸭舌、嫩牛肉、酥肉、猪腰、肥牛、羊肉、鳝鱼、鱼肉、菇类、菌类、豆制品、粉条、蔬菜各100g

②调料：郫县豆瓣200g、干辣椒50g、干花椒15g、辣椒粉25g、豆豉20g、姜片30g、葱段30g、香料30g、食盐20g、白酒10g、料酒30g、醪糟汁30g、冰糖10g、胡椒粉1g、味精2g、鸡精2g、牛油500g、熟菜油500g、猪骨汤2000g

③味碟料（1份量）：芝麻油30g、食盐1g、味精1g、蒜泥15g

制作工艺

①锅置火上，放入熟菜油烧至100℃，放入郫县豆瓣、香料、姜片、葱段炒香且油呈红色，再放入豆豉、辣椒粉炒香，掺入猪骨汤烧沸，入食盐、白酒、料酒、醪糟汁、冰糖、胡椒粉、味精、鸡精，调成麻辣味的卤汁。

②锅置火上，放入牛油烧化，放入干辣椒、干花椒炒香，倒入麻辣味卤汁中，小火熬制0.5h至出味，倒入火锅器皿中。

③味碟料中的芝麻油、食盐、味精、蒜泥入碗拌匀成味碟蘸料。

④各种烫涮食材加工后，分别放入火锅器皿中烫涮成熟，蘸味碟料食用。

（二）鱼香味型

1. 鱼香味型的调制规范

（1）风味特征：色泽红亮，咸、酸、甜、辣各味平衡，姜、葱、蒜味浓郁。

（2）主要调味料：食盐、白糖、酱油、醋、泡辣椒、姜、蒜、葱、辣椒油、芝麻油、味精。

（3）主要调制工艺

鱼香味型的调制分为凉菜鱼香味汁、热菜鱼香味汁，分别有不同的调制工艺。

①凉菜鱼香味汁调制工艺

食盐、白糖、味精、酱油、醋放入调味碗搅匀→加入泡辣椒末、姜末、蒜末、葱花搅匀→加入辣椒油、芝麻油混合均匀即成。

②热菜鱼香味汁调制工艺

锅中放油烧至120℃→入主料炒熟→放入泡辣椒末（郫县豆瓣）炒香且油呈红色→放入姜米、蒜米、葱花炒香→入辅料炒熟→倒入由食盐、白糖、味精、酱油、醋、芝麻油、水淀粉、鲜汤调成的芡汁搅匀，收汁浓稠→装碗即成。

（4）加工制作要求

①泡辣椒应去蒂、去籽，剁碎成细末。

②凉菜鱼香味汁中的姜、蒜应去皮，切成细末；葱切成葱花。

③凉菜鱼香味调制时应先调出咸鲜酸甜的口味，再加辣椒油等其他调味料。

④热菜鱼香味调制时应将泡辣椒（和/或郫县豆瓣）、姜、蒜、葱炒香且油呈红色，芡汁调成咸鲜酸甜口味，用中火收汁，待汁浓稠、亮油时及时起锅。

2. 鱼香味型的代表性运用

鱼香味型是川菜独创的具有特殊风格的一种复合味型，源于民间独具烹鱼调味之法，成菜味感酷似“鱼香”而得名。鱼香味型的代表性烹调运用可分为两类：一是凉菜类，主要用于凉拌菜；二是热菜类，主要用于小炒菜、炸熘菜。现择其要者介绍如下：

1）凉拌类鱼香味型：鱼香青元

食材配方

青元300g、食盐1.5g、白糖15g、酱油10g、醋7.5g、泡辣椒末16g、姜末4g、蒜末12g、葱花16g、辣椒油20g、芝麻油2g、味精1g、食用油1000g（约耗30g）

制作工艺

①青元洗净，沥干水分，用刀轻斩破皮。

②锅置火上，放油烧至150℃，放入青元炸至酥香时捞出，晾凉。

③依次将食盐、白糖、味精、酱油、醋放入调味碗中混合均匀，再加入泡辣椒末、姜末、蒜末和葱花搅匀，加入辣椒油、芝麻油混合均匀，调成鱼香味汁。

④鱼香味汁与酥青豆拌匀，装盘即成。

2）小炒类鱼香味型：鱼香肉丝

食材配方

猪肉200g、青笋100g、水发木耳30g、泡辣椒末50g、姜米7g、蒜米15g、葱

花25g、食盐4g、酱油4g、醋10g、白糖17g、料酒6g、鲜汤30g、水淀粉40g、食用油70g、味精1g

制作工艺

①猪肉切成二粗丝，加入食盐2g、料酒、水淀粉20g拌匀。

②青笋切成二粗丝；水发木耳切成粗丝。

③食盐2g、白糖、酱油、醋、水淀粉20g、鲜汤、味精入碗，调成芡汁。

④锅置火上，放油烧至160℃，放入肉丝炒散、断生，入泡辣椒末、姜米、蒜米、葱花炒香，入青笋丝、木耳炒断生，倒入芡汁炒匀，收汁呈包芡状，装盘。

3）炸熘类鱼香味型：鱼香八块鸡

食材配方

鸡脯肉150g、鸡蛋液100g、淀粉90g、食盐1.5g、料酒10g、郫县豆瓣40g、姜米5g、蒜米15g、葱花25g、白糖25g、味精2g、酱油4g、醋10g、鲜汤100g、芝麻油3g、水淀粉15g、食用油1000g（约耗55g）

制作工艺

①鸡蛋液与淀粉调匀成全蛋淀粉糊。

②鸡脯肉切3cm见方的块，加入食盐1g、料酒拌匀，再入全蛋淀粉糊拌匀。

③锅置火上，放油烧至150℃，放入鸡脯肉炸至定型时捞出；待油温回升到180℃再入油锅中炸至色泽金黄、外酥内熟，捞出、装盘。

④食盐0.5g、白糖、味精、酱油、醋、芝麻油、水淀粉、鲜汤调成芡汁。

⑤锅置火上，放油烧至120℃，放入郫县豆瓣炒香且油呈红色，放入姜米、蒜米和葱花炒香，倒入芡汁搅匀，待收汁浓稠，浇淋在鸡块上。

（三）家常味型

1. 家常味型的调制规范

（1）风味特征：色泽红亮或呈现调味料的自然色泽，咸鲜微辣，具有多种调味料的混合香味。

（2）主要调味料：郫县豆瓣（辣椒酱）、泡辣椒、姜、蒜苗、食盐、白糖、酱油、豆豉、甜面酱、味精。

（3）主要调制工艺

家常味型主要通过调制的热菜家常味汁，包括炒菜、烧菜等来呈现，分别有不同的调制工艺。

①炒菜类家常味汁调制工艺

锅中放油烧至150～180℃→加入主料炒至断生（出香）→入郫县豆瓣（泡辣椒）、豆豉（甜面酱）炒香→入辅料炒熟→入食盐、白糖、酱油、味精（水淀粉）炒匀（收汁）→装盘。

②烧菜类家常味汁调制工艺

锅中放油烧至120℃→加入郫县豆瓣炒香且油呈红色→入姜末、蒜苗颗粒炒香→入鲜汤、主料、酱油、味精、白糖烧至入味→入水淀粉收汁浓稠→装盘。

（4）加工制作要求

①使用郫县豆瓣（辣椒酱）调制时，郫县豆瓣（辣椒酱）应剁细、炒香且油呈红色，控制好食盐的用量。

②使用泡辣椒调制时，泡辣椒应去蒂、去籽，剁碎成细末，炒香且油呈红色。

③使用其他辣味调料时，应根据其辣度决定使用量。

2. 家常味型的代表性运用

家常味型是川菜常见的一种特色复合味型，总的特点是咸鲜微辣、味感醇厚，以家常命名，有“居家常有”的意思。家常味型的代表性烹调运用主要为热菜类，特别是炒菜和烧菜。现择其要者介绍如下：

1）熟炒菜类家常味型：回锅肉

食材配方

猪带皮二刀肉220g、蒜苗100g、郫县豆瓣30g、酱油3g、食盐0.5g、白糖3g、甜面酱10g、味精1g、食用油30g

制作工艺

①猪肉入锅煮熟后取出，晾凉，切成片。

②蒜苗切成马耳朵形或长4cm的节。

家常味型是川菜常见的一种特色复合味型，以家常命名，有“居家常有”的意思，其中的标志性菜品，就是百吃不厌的回锅肉。

③锅置火上，放油烧至160℃，放入肉片、食盐炒至卷缩吐油，呈“灯盏窝”形，入郫县豆瓣炒香且油呈红色，入甜面酱炒散，入白糖、酱油、蒜苗、味精炒香断生，装盘。

2）小炒类家常味型：小煎鸡

食材配方

仔鸡肉200g、青笋100g、芹菜30g、泡辣椒节20g、姜片5g、蒜片10g、葱节15g、食盐4g、料酒10g、味精1g、白糖1g、酱油10g、醋5g、鲜汤25g、水淀粉35g、食用油60g

制作工艺

①仔鸡肉切长5cm、粗1cm的条，加入食盐2g、料酒5g、水淀粉20g拌匀。

②青笋切长4cm、粗0.6cm的条；芹菜切成长4cm的节。

③食盐2g、料酒5g、味精、白糖、酱油、醋、鲜汤、水淀粉15g入碗，调成芡汁。

④锅置火上，放油烧至160℃，放入鸡肉条炒散至9成熟，放入泡辣椒节、姜片、蒜片、葱节、青笋、芹菜炒断生，烹入芡汁，收汁亮油，起锅装盘。

3）烧菜类家常味型：家常海参

食材配方

水发海参300g、黄豆芽100g、猪肉碎80g、郫县豆瓣55g、食盐0.5g、姜米10g、蒜苗颗粒40g、酱油6g、白糖0.5g、味精2g、芝麻油3g、水淀粉16g、鲜汤150g、食用油100g

制作工艺

①水发海参片成斧楞片，入沸水中焯水。

②锅置火上，放油烧至120℃，加入猪肉碎炒香成肉臊。

③黄豆芽去两头，入锅加食盐炒至断生，装入盘中垫底。

④锅中放油烧至120℃，加入郫县豆瓣炒香且油呈红色，入姜米、蒜苗颗粒炒香，掺入鲜汤，加入水发海参、肉臊、酱油、味精、白糖烧至入味，入水淀粉，收汁浓稠，舀入装有黄豆芽的盘中成菜，淋上芝麻油。

（四）怪味味型

1. 怪味味型的调制规范

（1）风味特征：色泽酱红，咸、甜、麻、辣、酸、香、鲜各味均衡。

（2）主要调味料：食盐、白糖、酱油、醋、芝麻酱、辣椒油、花椒粉、芝麻油、白芝麻、味精。

（3）主要调制工艺

怪味味型主要通过调制的凉菜怪味味汁来呈现，其调制工艺如下：

芝麻酱、辣椒油、食盐、白糖、酱油、醋、味精、花椒粉、芝麻油入碗调匀→入熟白芝麻和匀即成。

（4）加工制作要求

①花椒炒香时，应根据成菜需要选择花椒粒或花椒粉（或直接选用花椒油）。

②辣椒炒香时，应根据成菜需要选择辣椒节或辣椒粉。

③白芝麻应炒香。

④芝麻酱应稀释调匀。

2. 怪味味型的代表性运用

怪味味型是川菜首创的一种常用味型，因集咸、甜、麻、辣、酸、香、鲜等多味于一体，各味平衡和谐，便用“怪”字命名。怪味味型多用于凉菜的调制，包括凉拌菜、糖粘菜。

1）凉拌类怪味味型：怪味鸡丝

食材配方

鸡肉220g、姜片10g、葱段20g、葱丝20g、料酒10g、芝麻酱15g、食盐1g、白糖10g、酱油3g、醋11g、辣椒油30g、花椒粉1g、芝麻油2g、熟白芝麻2g、味精1g

制作工艺

①锅置火上，加水和鸡肉、姜片、葱段、料酒，待鸡肉煮熟后捞出，晾凉后切二粗丝。

②芝麻酱、辣椒油、食盐、白糖、酱油、醋、味精、花椒粉、芝麻油、熟白芝麻入碗，调匀成怪味味汁。

③葱丝入盘中垫底，放上鸡丝，淋入怪味味汁即成。

2）糖粘类怪味味型：怪味花生仁

食材配方

花生仁120g、白糖120g、清水100g、甜面酱6g、食盐1g、柠檬酸0.1g、辣椒粉2g、花椒粉0.2g

制作工艺

①花生仁烤酥香（或加食盐入锅炒酥香），去掉外皮。

②锅置火上，加入清水和白糖，用中小火慢慢熬至糖液黏稠，入甜面酱搅匀至水分将干时放入食盐、柠檬酸、辣椒粉、花椒粉搅匀，端离火源；待糖液中的泡沫消失后放入花生仁炒匀、分散至其成霜状，晾凉后装盘。

（五）煳辣味型

1. 煳辣味型的调制规范

（1）风味特征：色泽棕红，咸鲜麻辣，略带甜酸，具有干辣椒和花椒炒后产生的特殊香味。

（2）主要调味料：干辣椒、花椒、食盐、白糖、酱油、醋、姜、蒜、葱、味精。

（3）主要调制工艺

煳辣味型主要通过调制的热菜煳辣味汁来呈现，其调制工艺如下：

锅中放油烧至140～160℃→放入干辣椒、花椒炝香→入主料炒至断生→入姜、蒜、葱炒香→入食盐、白糖、酱油、醋、料酒、水淀粉、鲜汤调成芡汁→收汁浓稠→装入盛器。

（4）加工制作要求

①干辣椒应切成2cm长的节。

②干辣椒和花椒用120～150℃的油炒香、呈棕红色，切忌炒焦。

③控制好白糖和醋的用量与比例，以呈现出略带甜酸的味道为宜。

2. 煳辣味型的代表性运用

煳辣味型是川菜常见的一种复合味型，特点是麻辣而不燥、兼具荔枝味感。其麻辣香味源于干辣椒、花椒在热油中炝得略煳而产生，由此得名煳辣味型。其代表性烹调运用主要为热菜和热制凉食类冷菜，特别是小炒菜、炝炒菜。

1）小炒类煳辣味型：宫保鸡丁

食材配方

鸡肉250g、酥花生50g、干辣椒10g、花椒1.5g、姜片10g、蒜片20g、葱丁40g、食盐3g、酱油5g、醋8g、白糖10g、料酒5g、味精0.5g、鲜汤25g、水淀粉30g、食用油60g

制作工艺

①鸡肉切成1.5cm见方的丁，加入食盐2g、酱油、料酒、水淀粉15g拌匀；干辣椒切成长2cm的节。

②食盐1g、白糖、酱油、醋、料酒、味精、水淀粉15g、鲜汤入碗，调成芡汁。

③锅置火上，放油烧至150℃，放入干辣椒、花椒炒香，入鸡丁炒至断生，入姜片、蒜片、葱丁炒香，倒入芡汁，收汁浓稠呈包芡状，放入酥花生炒匀，装盘。

2）炝炒类煳辣味型：煳辣黄瓜条

食材配方

黄瓜400g、干辣椒12g、花椒2g、食盐4g、白糖8g、味精0.5g、醋6g、芝麻油3g、食用油40g

制作工艺

①黄瓜去皮、去籽，切成长5cm、粗0.7cm的条。

②干辣椒切成长2cm的节。

③锅置火上，放油烧至150℃，放入干辣椒、花椒炒香，入黄瓜条炒至断生，入食盐、白糖、味精、醋、芝麻油炒匀，装盘成菜。

（六）红油味型

1. 红油味型的调制规范

（1）风味特征：色泽红亮，咸、鲜、辣、微甜，具有辣椒油的香味。

（2）主要调味料：辣椒油、酱油、食盐、白糖、芝麻油、味精。

（3）主要调制工艺

红油味型主要通过调制的凉菜红油味汁来呈现，其调制工艺如下：

食盐、酱油、白糖、味精、辣椒油、芝麻油入碗→调匀即成。

（4）加工制作要求

① 各种调味料应搅拌至溶化。

② 味汁应有一定稠度，炼制的辣椒油应放置3天后使用，建议辣椒粉与辣椒油的比例为2∶8。

2. 红油味型的代表性运用

红油味型是川菜典型的复合味型，因重用红油而得名，多用于凉菜。

1）凉菜类红油味型Ⅰ：红油耳片

食材配方

猪耳朵350g、姜片15g、葱段45g、料酒10g、熟芝麻3g、食盐2g、酱油30g、白糖10g、味精1g、辣椒油50g、芝麻油2g

制作工艺

①锅置火上，加入水和猪耳朵、姜片、葱段、料酒；待猪耳朵煮熟时捞出、晾凉，斜刀片成薄片。

②葱切成马耳朵形，入盘垫底，放上耳片。

③食盐、酱油、白糖、味精、辣椒油、芝麻油入碗调匀，浇淋在耳片上，撒上熟芝麻成菜。

2）凉菜类红油味型Ⅱ：红油三丝

食材配方

白萝卜100g、胡萝卜50g、青笋50g、食盐3g、酱油10g、白糖12g、味精2g、辣椒油50g、芝麻油2g

制作工艺

①白萝卜、胡萝卜、青笋分别切成长约12cm、粗约0.2cm的丝，加入食盐1.5g拌匀，放置5min，滗去水分。

②食盐1.5g、酱油、白糖、味精、辣椒油、芝麻油入碗调匀成红油味汁。

③红油味汁与三丝拌匀后装盘。

（七）蒜泥味型

1. 蒜泥味型的调制规范

（1）风味特征：色泽红亮，咸、鲜、辣、微甜，蒜香味突出。

（2）主要调味料：蒜、辣椒油、白糖、食盐、酱油、芝麻油、味精。

（3）主要调制工艺

蒜泥味型主要通过调制的凉菜蒜泥味汁来呈现，其调制工艺如下：

食盐、白糖、酱油、蒜泥、味精、辣椒油、芝麻油入碗→调匀即成。

（4）加工制作要求

①蒜去皮，加工成泥，用量较大。

②各种调味料应搅拌均匀。

2. 蒜泥味型的代表性运用

蒜泥味型是川菜典型的一种常见复合味型，因重用蒜泥而得名，多用于凉菜的调制，又根据不同的菜肴品种需求而略有不同。

1）凉菜类蒜泥味型Ⅰ：蒜泥白肉卷

食材配方

猪带皮二刀肉165g、胡萝卜50g、芹菜叶20g、蒜15g、复制酱油20g、辣椒油35g、味精1g、芝麻油2g

制作工艺

①猪带皮二刀肉煮熟，用原汤浸泡至温热，捞出，片（或切）成长约10cm、宽约5cm、厚约0.15cm的薄片。

②胡萝卜切成长5cm、粗0.2cm的丝，蒜加工成泥。

③复制酱油、辣椒油、芝麻油、蒜泥、味精入碗，调成蒜泥味汁。

④用白肉片卷上胡萝卜丝、芹菜叶成卷，摆放在盘中，浇淋上蒜泥味汁即成。

2）凉菜类蒜泥味型Ⅱ：蒜泥黄瓜

食材配方

黄瓜200g、蒜15g、食盐1g、酱油10g、白糖12g、辣椒油35g、味精1g、芝麻油2g。

制作工艺

①黄瓜去皮、去籽，切成菱形块。

②蒜加工成泥。

③食盐、酱油、白糖、蒜泥、味精、辣椒油、芝麻油入碗，调成蒜泥味汁。

④黄瓜与蒜泥味汁拌匀，装盘即成。

（八）陈皮味型

1. 陈皮味型的调制规范

（1）风味特征：色泽棕红，咸鲜微甜，略带麻辣，具有陈皮和干辣椒、花椒炒后产生的混合香味。

（2）主要调味料：陈皮、干辣椒、花椒、食盐、白糖、料酒、糖色、芝麻油、味精。

（3）主要调制工艺

陈皮味型主要通过调制的凉食类凉菜陈皮味汁来呈现，其调制工艺如下：

锅中放油烧至120℃→放入干辣椒、花椒炒成棕红色→入主料略炒→入鲜汤、陈皮、食盐、白糖、料酒，糖色收汁入味→入芝麻油、味精炒匀→装入盛器。

（4）加工制作要求

①干辣椒应切成2cm长的节。

②干辣椒和花椒应用120℃左右的油炒香，呈棕红色，避免炒焦变苦。

③陈皮应用清水浸泡软，切成2cm大小的片，控制好用量，以陈皮的芳香味浓郁为宜。

④控制好白糖的用量，以尝到微甜为宜。

2. 陈皮味型的代表性运用

陈皮味型是川菜的一种特色复合味型，因使用陈皮而得名，多用于热制凉食类冷菜的调制，又根据不同的菜肴品种需求而略有不同。

1）炸收类陈皮味型Ⅰ：陈皮兔丁

食材配方

兔肉250g、干辣椒10g、花椒3g、陈皮7g、姜片5g、葱段15g、食盐3g、味精1g、料酒18g、芝麻油4g、糖色20g、白糖3g、鲜汤300g、食用油1000g（约耗60g）。

制作工艺

①干辣椒切成长约2cm的节；陈皮用清水浸泡至软，洗净，切成约2cm见方的片。

②兔肉斩成2cm见方的丁，加入食盐1g、料酒8g、姜片、葱段拌匀，码味

15min。

③锅置火上，放油烧至180℃，放入兔丁炸至表面水分略干时捞出；待油温回升至210℃时，再下兔丁炸至外酥内嫩呈浅黄色时捞出。

④锅置火上，放油烧至100℃，放入干辣椒、花椒炒成棕红色，放入兔丁略炒，掺入鲜汤，入陈皮、食盐2g、料酒10g、白糖、糖色，收汁入味，待汁将干时放入芝麻油、味精炒匀，起锅，晾凉后装盘。

2）炸收类陈皮味型Ⅱ：陈皮牛肉

食材配方

牛里脊肉250g、干辣椒10g、花椒3g、陈皮7g、姜片5g、葱段15g、食盐4g、味精1g、料酒15g、芝麻油4g、糖色15g、白糖3g、鲜汤300g、食用油1 000g（约耗60g）

制作工艺

①干辣椒切成长约2cm的节；陈皮用清水浸泡至软，洗净，切成约2cm见方的片。

②牛肉切成0.15cm厚的片，加入食盐2g、料酒5g、姜片、葱段拌匀，码味15min。

③锅置火上，放油烧至160℃，放入牛肉炸至表面水分略干时捞出；待油温回升至180℃时，再下牛肉炸至外酥内嫩呈褐色时捞出。

④锅置火上，放油烧至100℃，放入干辣椒、花椒炒成棕红色，放入牛肉略炒，掺入鲜汤，入陈皮、食盐2g、料酒10g、白糖、糖色，收汁入味，待汁将干时放入芝麻油、味精炒匀，起锅，晾凉后装盘。

（九）椒麻味型

1. 椒麻味型的调制规范

（1）风味特征：色泽青绿，咸鲜微麻，具有葱叶和花椒的自然香味。

（2）主要调味料：椒麻糊、食盐、味精、酱油、冷鲜汤、芝麻油。

（3）主要调制工艺

椒麻味型主要通过调制的凉菜椒麻味汁来呈现，其调制工艺如下：

冷鲜汤、食盐、味精、酱油、椒麻糊、芝麻油入碗→调匀即成。

（4）加工制作要求

①葱应选用色泽碧绿的葱叶；花椒应去籽，与葱叶铡细成椒麻糊（或花椒油加葱糊调制而成）。

②根据成菜色泽需要，可选用酱油。

2. 椒麻味型的代表性运用

椒麻味型是川菜的一种特色复合味型，因使用椒麻糊而得名，多用于凉菜的调制，又根据不同的菜肴品种需求而略有不同。

1）凉菜类椒麻味型Ⅰ：椒麻鱿鱼卷

食材配方

鲜鱿鱼500g、葱青叶30g、花椒1.5g、鲜汤20g、食盐4g、味精1g、芝麻油5g

制作工艺

①鲜鱿鱼去头、去皮，剞刀成麦穗花形，入沸水中焯水成鱿鱼卷。

②花椒用清水淘洗捞出，与葱青叶一起用刀铡细成椒麻糊。

③鲜汤、食盐、味精、芝麻油、椒麻糊入碗，调成椒麻味汁。

④将鱿鱼卷与椒麻味汁拌匀，装盘成菜。

2）凉菜类椒麻味型Ⅱ：椒麻春笋

食材配方

春笋200g、葱青叶20g、花椒1g、鲜汤35g、食盐3g、味精1g、芝麻油5g

制作工艺

①春笋入沸水中煮熟，捞出，晾凉后切成条。

②花椒用清水淘洗捞出，与葱青叶一起用刀铡细成椒麻糊。

③鲜汤、食盐、味精、芝麻油、椒麻糊入碗，调成椒麻味汁。

④将春笋条装入盘中，淋上椒麻味汁即成。

（十）椒盐味型

1. 椒盐味型的调制规范

（1）风味特征：色泽自然，咸鲜香麻。

（2）主要调味料：花椒、食盐。

（3）主要调制工艺

椒盐味型主要通过调制的热菜椒盐调味料来呈现，其调制工艺如下：

食盐入锅炒香→倒出、磨细→趁热加入花椒粉拌匀即成。

（4）加工制作要求：

①花椒应去籽、炒香，加工成粉末。

②食盐应炒干水分，研磨成细粉。

③掌握好食盐与花椒粉的比例。

2. 椒盐味型的代表性运用

椒盐味型是川菜的一种特色复合味型，因用花椒与川盐调制而得名，多用于酥炸类热菜的调制，又根据不同的菜肴品种需求而略有不同。

1）酥炸类椒盐味型：椒盐脆皮虾

食材配方

大虾250g、青椒20g、甜椒20g、香菜10g、食盐5g、姜片10g、葱段15g、葱花5g、料酒15g、万用脆炸粉100g、清水100g、花椒粉1g、芝麻油3g、食用油1 000g（约耗60g）

制作工艺

①大虾剪掉虾须，从背部片开，去虾线，洗净，加入食盐2g、姜片、葱段、料酒码味10min。

②青椒、甜椒分别切成小颗粒；万用脆炸粉与清水搅匀成脆浆糊。

③食盐3g入锅炒香，倒出、磨细，趁热加入花椒粉拌匀成椒盐调味料。

④锅置火上，放油烧至150℃，将大虾逐个放入脆浆糊中裹匀后入锅炸至成熟定型时捞出；待油温回升至180℃，将虾复炸至酥香时捞出。

⑤锅置火上，放油烧至120℃，放入青椒、甜椒颗粒炒断生，入虾、葱花、

芝麻油、椒盐炒匀，起锅装盘，点缀香菜成菜。

2）软炸类椒盐味型：椒盐里脊

食材配方

猪里脊150g、鸡蛋液80g、淀粉80g、食盐4g（码味、椒盐）、姜片5g、葱段10g、料酒5g、花椒粉1g、食用油1 000g（约耗60g）

制作工艺

①猪里脊片成1cm厚的片，剞成十字花形，再切成长5cm、粗1cm的条，加入食盐1g、姜片、葱段、料酒拌匀，码味10min。

②鸡蛋液与淀粉调匀成全蛋淀粉糊。

③食盐3g入锅炒香，倒出，趁热加入花椒粉拌匀成椒盐调味料。

④锅置火上，放油烧至150℃，将猪里脊条入全蛋淀粉糊拌匀后入锅中炸至成熟定型时捞出；待油温回升至180℃，将猪里脊复炸至外酥香、呈金黄色时捞出，装盘，撒上椒盐调味料即成。

（十一）姜汁味型

1. 姜汁味型的调制规范

（1）风味特征：色泽棕黄，咸、鲜、酸、微辛辣，有生姜和醋的混合香味。

（2）主要调味料：姜、醋、食盐、酱油、芝麻油、冷鲜汤、味精、水淀粉。

（3）主要调制工艺

姜汁味型的调制分为凉菜姜汁味汁、热菜姜汁味汁，分别有不同的调制工艺。

①凉菜姜汁味汁调制工艺

鲜汤、食盐、醋、酱油、味精、芝麻油、姜末入碗→调匀即成。

②热菜姜汁味汁调制工艺

锅中放油烧至120℃→加入姜末炒香→入鲜汤、主料、食盐、酱油烧至入味→入味精、芝麻油、水淀粉收汁浓稠→装盘。

（4）加工制作要求

①姜应选用老姜，去皮洗净，剁成细末。

②咸味要足，以衬托醋的酸味，咸酸适度。

2. 姜汁味型的代表性运用

姜汁味型是川菜的一种特色复合味型，特点是姜味醇厚、咸酸爽口，因用生姜与其他调料调制而得名，广泛运用于凉菜、热菜的烹调。

1）凉菜类姜汁味型：姜汁豇豆

食材配方

豇豆150g、姜末15g、食盐3g、醋12g、酱油2g、味精0.5g、芝麻油5g、鲜汤30g、食用油2g

制作工艺

①豇豆入沸水中焯水至熟，捞出，放入食用油拌匀，摊开晾凉，切成长约10cm的段。

②鲜汤、食盐、醋、酱油、味精、芝麻油、姜末入碗，调成姜汁味汁。

③豇豆装入盘中，淋上姜汁味汁即成。

2）烧菜类姜汁味型：姜汁热窝鸡

食材配方

鸡肉500g、姜片10g、葱段15g、料酒15g、姜末25g、郫县豆瓣30g、食盐2g、醋15g、酱油3g、味精1g、芝麻油5g、水淀粉20g、鲜汤300g、食用油60g

制作工艺

①锅置火上，加入水和鸡肉、姜片、葱段、料酒，鸡肉煮熟后捞出、晾凉，斩成4cm见方的块。

②锅置火上，放油烧至120℃，放入郫县豆瓣炒香，入姜末炒香，入鲜汤、鸡肉、食盐、醋、酱油烧沸入味，入味精、芝麻油、水淀粉收汁浓稠，装盘成菜。

（十二）荔枝味型

1. 荔枝味型的调制规范

（1）风味特征：色泽浅棕，咸鲜酸甜，呈荔枝味感。

（2）主要调味料：醋、白糖、食盐、酱油、胡椒粉、泡辣椒、姜、葱、蒜、芝麻油、水淀粉、鲜汤、味精。

（3）主要调制工艺

荔枝味型主要通过调制的热菜荔枝味汁来呈现，其调制工艺如下：

锅中放油烧至150℃～200℃→放入主料炒断生→入泡辣椒、姜、蒜、葱、辅料炒熟→入食盐、酱油、胡椒粉、白糖、醋、芝麻油、水淀粉、鲜汤、味精调成的芡汁→收汁浓稠→装盘。

（4）加工制作要求

①泡辣椒、葱应切成马耳朵形，姜、蒜应切成指甲片。

②控制好泡辣椒、姜、葱、蒜的用量，不宜多。

③掌握好食盐、白糖、醋的用量和比例，以呈现咸鲜、酸甜的口感为宜。

2. 荔枝味型的代表性运用

荔枝味型是川菜的一种特色复合味型，特点是味似荔枝、酸甜适口，多用于热菜的调制，又根据不同的菜肴品种需求而略有不同。

1）火爆类荔枝味型：荔枝鱿鱼卷

食材配方

鲜鱿鱼500g、水发香菇20g、水发玉兰片20g、鲜菜心40g、泡辣椒15g、姜5g、蒜10g、葱20g、食盐5g、白糖12g、酱油2g、醋12g、料酒5g、味精1g、芝麻油3g、水淀粉15g、鲜汤25g、食用油60g

制作工艺

①鲜鱿鱼去头、去皮，剞刀成麦穗花形，入沸水中焯水成鱿鱼卷。

②姜、蒜切指甲片，泡辣椒、葱切马耳朵形，水发香菇、水发玉兰片切成片。

③食盐、白糖、酱油、醋、料酒、味精、芝麻油、水淀粉、鲜汤入碗，调成芡汁。

④锅置火上，放油烧至200℃，放入鱿鱼卷爆炒约10秒，入水发香菇、水发玉兰片、鲜菜心、泡辣椒、姜片、蒜片、葱炒至断生，烹入芡汁，收汁亮油，起锅装盘成菜。

2）炸熘类荔枝味型：锅巴肉片

食材配方

猪肉150g、锅巴180g、水发香菇30g、水发玉兰片20g、鲜菜心40g、泡辣椒15g、姜5g、蒜10g、葱20g、食盐6g、酱油2g、白糖40g、醋25g、料酒5g、味精1g、芝麻油2g、水淀粉60g、鲜汤380g、食用油1 500g（约耗90g）

制作工艺

①猪肉切成片，加入食盐1.5g、料酒、水淀粉15g拌匀。

②姜、蒜切指甲片，泡辣椒、葱切马耳朵形，水发香菇、水发玉兰片切成片。

③食盐4.5g、酱油、白糖、醋、芝麻油、水淀粉45g、鲜汤、味精入碗，调成芡汁。

④锅置火上，放油烧至150℃，放入肉片炒散，入泡辣椒、姜、蒜、葱、玉兰片、香菇、鲜菜心炒熟，倒入芡汁收浓呈清二流芡状，装入大碗。

⑤锅置火上，放油烧至220℃，放入锅巴炸至金黄酥脆时捞出，装盘，淋上肉片及味汁即成。

二、川菜其他常见复合味型的调制规范及运用

川菜的其他常见复合味型，是指与其他地方菜比较而言，有相似或相同之处，但也是川菜常见的复合味型，也有12种，包括咸鲜味型、麻酱味型、糖醋味型、酸辣味型、咸甜味型、甜香味型、芥末味型、茄汁味型、酱香味型、五香味型、香糟味型、烟香味型等。

（一）咸鲜味型

1. 咸鲜味型的调制规范

（1）风味特征：咸鲜清淡，食材本味突出。

（2）主要调味料：姜、葱、蒜、料酒、胡椒粉、食盐、味精、酱油、鲜汤。

（3）主要调制工艺

咸鲜味型的调制根据主料品种的不同，主要有三类，即盐水咸鲜味汁、白油

咸鲜味汁、本味咸鲜味汁，分别有不同的调制工艺。

①盐水咸鲜味汁调制工艺

主料入锅→入姜、葱、食盐、料酒、胡椒粉、鲜汤煮（蒸）至熟→原汁浸泡→刀工装盘→淋入原汁→装盘。

②白油咸鲜味汁调制工艺

主料码味上浆→入锅炒熟→入姜、蒜、葱、辅料炒断生→入芡汁→收汁亮油→装盘。

③本味咸鲜味汁调制工艺

主料预熟→入鲜汤、食盐、味精、胡椒粉蒸（煮）入味→装入汤碗→灌入鲜汤→装盘。

（4）加工制作要求

①食盐定咸味，调味时应做到“咸而不减”，即咸而不涩口。

②味精定鲜味，应在咸味的基础上才能更好表现。

③应控制好其他调味料的用量，以不压抑食材本味为宜。

2. 咸鲜味型的代表性运用

咸鲜味型是各大地方菜均匀的复合味型，较广泛地运用于菜品烹调，在川菜调味中常根据主料品质而分为三类，每类又各有品种。现择其要者介绍如下：

1）盐水咸鲜：盐水鸭

食材配方

水盆鸭1只（约1 000g）、姜片20g、葱段30g、食盐80g、味精2g、料酒100g、胡椒粉1g、八角2g、桂皮2g、草果2g、山柰1g、小茴香1g、香叶1g、白豆蔻1g、花椒1g、芝麻油3g、清水2 000g

制作工艺

①水盆鸭洗净，入锅（冷水下锅）焯水后捞出。

②八角、桂皮、草果、山柰、小茴香、香叶、白豆蔻、花椒装入纱布袋。

③鸭子入盆，放入清水、香料纱布袋、姜片、葱段、食盐、味精、料酒、胡椒粉，入笼旺火蒸制2h后晾凉。将鸭子捞出，斩成条，装盘。

④取盆中蒸鸭子的澄清原汁，加入芝麻油，淋在鸭子上即成。

2）白油咸鲜：白油肉片

食材配方

猪肉150g、青笋50g、水发木耳25g、马耳朵泡辣椒10g、姜片5g、蒜片8g、马耳朵葱15g、食盐4g、胡椒粉0.5g、味精1g、料酒10g、水淀粉30g、鲜汤25g、食用油50g

制作工艺

①猪肉切片，加入食盐1.5g、料酒、水淀粉15g拌匀；青笋切成菱形片；水发木耳切片。

②食盐2.5g、味精、胡椒粉、鲜汤、水淀粉15g入碗，调成芡汁。

③锅置火上，放油烧至160℃，放入肉片炒散发白，入马耳朵泡辣椒、姜片、蒜片、马耳朵葱炒香，入青笋片、木耳片炒断生，烹入芡汁，收汁起锅，装盘。

3）本味咸鲜：鸡豆花

食材配方

鸡脯肉125g、菜心10g、熟火腿末5g、鸡蛋清100g、食盐3g、胡椒粉0.1g、水淀粉50g、料酒3g、味精1g、姜葱水100g、清汤2000g

制作工艺

①鸡脯肉加工成泥状，去筋，加入姜葱水、鸡蛋清、食盐、料酒、胡椒粉、水淀粉、味精搅匀，制成鸡浆。

②锅置火上，掺入清汤烧沸，倒入鸡浆，用小火慢煮至成熟且呈豆花状，舀入汤碗中，灌入清汤，放上汆熟的菜心和熟火腿末。

（二）麻酱味型

1. 麻酱味型的调制规范

（1）风味特征：咸鲜略甜，有芝麻酱的自然香味。

（2）主要调味料：芝麻酱、食盐、白糖、酱油、味精、芝麻油。

（3）主要调制工艺

麻酱味型主要通过调制的凉菜麻酱味汁来呈现，其调制工艺如下：

芝麻酱入碗搅散→入食盐、白糖、酱油、味精、芝麻油调匀。

（4）加工制作要求

①芝麻酱应以酱油或鲜汤稀释调散，再加入其他调味料。

②食盐的用量不宜多，略带咸味即可，咸味在本味汁中不应表现出明显味感。

2. 麻酱味型的代表性运用

麻酱味型是川菜的一种常见复合味型，因以芝麻酱作为主要调味料而得名，多用于凉菜的调制，又根据不同的菜肴品种需求而略有不同。

1）凉菜类麻酱味型Ⅰ：麻酱凤尾

食材配方

青笋尖150g、芝麻酱30g、食盐2g、白糖1g、味精1g、酱油3g、冷鲜汤60g、芝麻油10g

制作工艺

①将青笋尖的两端修切成长约13cm的段，入淡盐水中浸泡后洗净，沥干水分，将嫩茎一端削成青果尖形并切开成四瓣，整齐地装入盘中。

②芝麻酱入碗，分次加入冷鲜汤搅散，使其均匀地呈泥状，再加入食盐、白糖、酱油、味精、芝麻油调匀成麻酱味汁。

③将麻酱味汁淋在青笋尖上即成。

2）凉菜类麻酱味型Ⅱ：麻酱千层肚

食材配方

牛百叶300g、芝麻酱20g、酱油12g、辣鲜露15g、食盐2g、鸡精1g、白糖1g、冷鲜汤40g、芝麻油10g、辣椒油2g、蒜泥5g

制作工艺

①牛百叶放入沸水锅中煮1min，捞出、沥干水分、晾凉。

②芝麻酱入碗，加入冷鲜汤搅散，入食盐、鸡精、白糖、酱油、辣鲜露、芝麻油、辣椒油、蒜泥调匀成麻酱味汁。

③牛百叶装入盘中，淋上麻酱味汁即成。

（三）糖醋味型

1. 糖醋味型的调制规范

（1）风味特征：甜酸突出，略带咸鲜。

（2）主要调味料：白糖、醋、食盐、酱油、芝麻油、味精、酱油、料酒、胡椒粉、水淀粉、鲜汤。

（3）主要调制工艺

糖醋味型的调制分为凉菜糖醋味汁、热菜糖醋味汁，分别有不同的调制工艺。

①凉菜糖醋味汁调制工艺

食盐、白糖、醋、芝麻油入碗→调匀即成。

②热菜糖醋味汁调制工艺

锅中放油烧至100℃→入姜米、蒜米、葱花炒香→倒入食盐、白糖、味精、酱油、醋、料酒、芝麻油、胡椒粉、水淀粉、鲜汤调成的芡汁→收汁浓稠亮油→装入盛器。

（4）加工制作要求

①咸味调味品确立基础咸味，必须掌握好其用量，咸味在糖醋味汁中应以不表现出明显味感为宜。

②醋、白糖形成主体味感，甜酸并重，用量较大，应表现出明显的甜酸味感。

2. 糖醋味型的代表性运用

糖醋味型是川菜的一种常见复合味型，特点是甜酸突出、略带咸鲜，因重用糖和醋而得名。糖醋味型在凉菜、热菜烹调中运用较广，又因菜肴烹饪方法的不同主要分为3种。

1）凉菜类糖醋味型：糖醋心里美

食材配方

心里美萝卜400g、香菜5g、食盐4g、白糖40g、醋15g、芝麻油5g

制作工艺

①心里美萝卜切成长约10cm、粗约0.2cm的细丝，加入食盐2g腌渍15min，控干水分。

②食盐2g、白糖、醋、芝麻油调匀成糖醋味汁。

③将糖醋味汁与心里美萝卜丝拌匀，装盘，点缀香菜即成。

2）炸收类糖醋味型：糖醋排骨

食材配方

猪排骨1000g、食盐10g、料酒30g、姜片20g、葱段15g、花椒0.5g、醋20g、白糖100g、糖色30g、芝麻油5g、熟芝麻10g、清水1500g、食用油1000g（约耗100g）。

制作工艺

①猪排骨斩成长约5cm的段，放入沸水中焯水后捞出，装入锅中，加入食盐8g、姜片、葱段、花椒、料酒、清水1000g，煮约30min至肉离骨时捞出。

②锅置火上，放油烧至160℃，放入排骨炸成棕红色时捞出。

③锅置火上，放入清水500g、排骨、食盐2g、白糖、糖色、料酒烧沸，改用小火收至味汁浓稠，入醋、芝麻油和匀，出锅、晾凉，撒上熟芝麻，装盘。

3）炸熘类糖醋味型：糖醋脆皮鱼

食材配方

鲤鱼750g、泡辣椒丝20g、葱段20g、葱花20g、葱丝20g、姜片10g、姜米5g、蒜米10g、食盐5g、料酒10g、白糖40g、味精1g、酱油5g、醋20g、芝麻油3g、胡椒粉0.5g、鲜汤270g、水淀粉60g、食用油2000g（约耗130g）

制作工艺

①鲤鱼宰杀、洗净，在鲤鱼身两面各剞5～6刀，用食盐3g、料酒、姜片、葱段拌匀，码味15min。

②食盐2g、白糖、酱油、醋、料酒、芝麻油、胡椒粉、水淀粉、鲜汤、味精入碗，调成芡汁。

③锅置火上，放油烧至180℃，将鱼挂上水淀粉糊后放入，炸至定型后捞出；待油温回升至200℃时，再入锅中炸至色金黄、外酥内熟时捞出，装盘。

④锅置火上，放油烧至100℃，放入姜米、蒜米、葱花炒出香味，倒入芡汁，收汁浓稠呈糊芡状、亮油，淋在鱼上，撒上葱丝和泡辣椒丝即成。

（四）酸辣味型

1. 酸辣味型的调制规范

（1）风味特征：色泽棕黄，咸鲜酸辣爽口。

（2）主要调味料：醋、辣椒油、郫县豆瓣（辣椒酱）、食盐、味精、酱油、芝麻油、胡椒粉、水淀粉。

（3）主要调制工艺

酸辣味型的调制分为凉菜酸辣味汁、热菜酸辣味汁，分别有不同的调制工艺。

①凉菜酸辣味汁调制工艺

醋、辣椒油、食盐、味精、酱油、芝麻油、冷鲜汤入碗→调匀即成。

②热菜酸辣味汁调制工艺

鲜汤入锅烧沸→放入食盐、胡椒粉、醋、酱油、味精、水淀粉调味→入主辅料煮熟→装入盛器。

（4）加工制作要求

①应在咸味的基础上突出酸辣味感。

②食盐决定作为基础底味的咸味，用量足。

③酱油兼有辅助增咸的作用，但用量以定色为准。

2. 酸辣味型的代表性运用

酸辣味型是川菜的一种常用复合味型，特点是咸鲜、酸辣爽口，因酸辣味突出而得名。酸辣味型较为广泛地运用于热菜、凉菜两类菜肴的烹调之中。此外，根据辣味调味料的使用和烹调方式，酸辣味型又分为辣椒类酸辣味、胡椒类酸辣味。现择其要者介绍如下：

1）辣椒类酸辣味型Ⅰ：酸辣蹄花

食材配方

猪蹄500g、小米辣30g、姜片10g、葱段15g、葱花10g、料酒15g、食盐2g、白糖1g、味精1g、酱油25g、醋20g、芝麻油5g、冷鲜汤20g

制作工艺

①锅置火上，加入猪蹄、清水、姜片、葱段、料酒，待猪蹄煮至软熟时捞

出、晾凉，斩成2～3cm见方的块，装入盛器。

②小米辣洗净，切成小颗粒。

③食盐、白糖、味精、酱油、醋、芝麻油、冷鲜汤、小米辣入碗，调成酸辣味汁，淋在猪蹄上，撒上葱花即成。

2）辣椒类酸辣味型Ⅱ：酸辣粉

食材配方

红薯圆粉条50g、食盐5g、胡椒粉0.2g、花椒粉1g、酱油6g、醋10g、辣椒油30g、碎米芽菜10g、芹菜15g、葱花5g、豌豆苗10g、大头菜10g、酥黄豆10g、芝麻油2g、鲜汤500g（约耗200g）

制作工艺

①红薯圆粉条加热水浸泡。

②芹菜切成颗粒；大头菜去皮，切成小颗粒。

③食盐、胡椒粉、花椒粉、酱油、醋、辣椒油、碎米芽菜、芝麻油入碗。

④汤锅置火上，加入鲜汤烧沸，将粉条装入漏勺中，放入沸汤中煮约1min，再放豌豆苗烫熟，取出漏勺，将粉条和豌豆苗装入有调味料的碗中，加入鲜汤、芹菜粒、大头菜粒、酥黄豆和葱花即成。

3）胡椒类酸辣味型：酸辣蛋花汤

食材配方

鸡蛋液100g、韭黄50g、食盐7g、胡椒粉1g、醋15g、芝麻油3g、水淀粉30g、鲜汤750g

制作工艺

①韭黄洗净、切碎，鸡蛋液搅散。

②锅置火上，入鲜汤烧沸，加入韭黄、食盐、胡椒粉烧沸，入水淀粉搅匀成薄芡，入鸡蛋液搅匀，入芝麻油、醋，起锅装碗。

（五）咸甜味型

1. 咸甜味型的调制规范

（1）风味特征：色泽棕红，味咸甜或甜咸。

（2）主要调味料：食盐、冰糖（或白糖）、糖色、料酒、姜、葱、花椒、香料。

（3）主要调制工艺

咸甜味型主要通过调制的热菜咸甜味汁来呈现，其调制工艺如下：

主料预处理→入糖色、料酒、姜、葱、花椒、香料、食盐、冰糖烧熟→收汁浓味→装盘。

（4）加工制作要求

①食盐定咸味，用量以体现咸味为度。

②冰糖定甜味且辅助提鲜、合味，用量以入口能尝到甜为度。

③根据菜品的味感要求，掌握好食盐和糖的用量比例，做到恰到好处。

④糖色增色但不可太深，以棕红色为好，避免长时加热使主料色泽变深发暗。

2. 咸甜味型的代表性运用

咸甜味型也是川菜的一种常见复合味型，因味道咸甜而得名。咸甜味型主要用于热菜，但其使用范围不太广，常用于烧制不易成熟或体大型、脂肪胶质较重的食材。

烧菜类咸甜味型：红烧肉

食材配方

带皮猪五花肉400g、八角3g、花椒1g、姜片10g、葱段15g、食盐6g、冰糖30g、料酒30g、糖色20g、食用油70g

制作工艺

①猪肉入沸水锅内略煮后捞出，切成约3.3cm见方的块。

②锅置火上，放油烧至180℃，放入肉块煸炒至水分干，加入清水烧沸，移入砂锅内，加入八角、姜片、葱段、花椒、冰糖、料酒、糖色，用小火烧至肉软熟时去掉姜、葱、花椒、八角，改用中火烧至汁浓，出锅、装盘。

（六）甜香味型

1. 甜香味型的调制规范

（1）风味特征：色泽自然，甜香爽口，芳香宜人。

（2）主要调味料：冰糖（或白糖或红糖）、蜜饯、干果。

（3）主要调制工艺

甜香味型主要通过调制的热菜甜香味汁来呈现，调制工艺如下：

主料→预处理→蜜汁（或拔丝、或蒸煮）→装盘。

（4）加工制作要求

①控制好糖的使用量，做到“甘而不浓”，即甜而不浓腻。

②菜品中如加蜜饯、干果等辅助食材，要控制好其用量，以增香、压异、提色为度，不能压倒食材的本味。

2. 甜香味型的代表性运用

甜香味型是川菜的一种常用复合味型，特点是味甘甜，因而得名。甜香味型广泛用于热菜及面点小吃的烹调，在川菜宴席中占有重要地位，制作时根据菜肴品种的不同，可以添加蜜饯、樱桃、果仁、鲜果等辅助，烹调方法主要有蜜汁、糖粘、拔丝、撒糖等。

1）蜜汁类甜香味型：蜜汁糯米藕

食材配方

鲜莲藕1节（约300g）、糯米75g、红糖75g、冰糖15g、红枣30g、蜂蜜10g

制作工艺

①糯米洗净，用清水浸泡6h，捞出，沥干水分。

②鲜莲藕洗净，去皮，在莲藕的一端约2cm处连同藕蒂切掉，将糯米填入莲藕的孔洞中，盖上藕蒂盖，固定封口。

③锅置火上，掺入清水，放入莲藕、红糖、红枣烧沸，改用小火煮30min，入冰糖再煮15min至莲藕、糯米软熟时捞出，晾凉后切成0.5cm厚的片，装盘。

④锅中的汤汁加入蜂蜜收浓，淋在莲藕上即成。

2）蒸菜类甜香味型：龙眼甜烧白

食材配方

猪带皮保肋肉250g、糯米150g、豆沙馅100g、红糖50g、蜜樱桃15g、糖色10g、化猪油8g

制作工艺

①猪肉煮熟，捞出，沥干水分，趁热在肉皮表面抹上糖色，晾凉后切成长约12cm、宽约4cm、厚约0.15cm的片，放入豆沙馅后裹成卷，摆放于蒸碗中。

②糯米用清水浸泡6h，沥干水分，入锅蒸熟后取出，趁热加红糖、化猪油拌匀，放于肉卷上。

③将蒸碗放入笼中，约蒸2h后取出，翻扣于盘内，在每个肉卷上放一颗蜜樱桃即成。

3）软炒类甜香味型：蚕豆泥

食材配方

鲜蚕豆750g、白糖150g、食用油125g

制作工艺

①蚕豆去皮，入锅煮至软熟时捞出，用清水冲凉，制成泥。

②锅置火上，放油烧至120℃，放入蚕豆泥翻炒至不粘锅、不粘勺时加入白糖和匀，待白糖熔化后出锅，装盘即成。

4）拔丝类甜香味型：拔丝香蕉

食材配方

香蕉200g、鸡蛋清75g、淀粉45g、面粉15g、白糖100g、凉开水100g、食用油1000g（约耗50g）

制作工艺

①香蕉去皮，切成2cm长的节（或滚刀块）；凉开水装入2个小碗。

②鸡蛋清搅打成蛋泡，加入淀粉、面粉拌匀成蛋泡糊。

③锅置火上，放油烧至150℃，放入裹有蛋泡糊的香蕉炸至定型时捞出；待油温回升至200℃时，香蕉再入锅中炸至色金黄、外酥内软时捞出。

④锅置火上，放油烧至100℃，放入白糖炒至溶化成棕黄色，倒入油炸后的香蕉迅速翻动使其裹匀白糖，出锅，装入抹有油（或撒有白糖）的盘中，配上凉开水上桌。

5）煮煨类甜香味型：银耳雪梨

食材配方

银耳50g、雪梨500g、枸杞10g、大枣30g、冰糖200g、清水2 500g

制作工艺

①银耳用冷水浸泡1～2h后洗净，撕成小片；雪梨去皮和芯，切块。

②锅置火上，加入清水、银耳，旺火烧沸后改用小火煨2h，放入大枣、雪梨煨30min，放入冰糖、枸杞煮至冰糖溶化，舀入碗中。

6）小吃类甜香味型：赖汤圆

食材配方

糯米粉500g、清水430g、白糖200g、黑芝麻50g、猪油100g、熟面粉50g

制作工艺

①糯米粉加入清水调制成米粉面团。

②黑芝麻洗净、炒熟，捣成粗粉末，加入白糖、猪油和熟面粉拌匀制成馅心。

③米粉面团下成剂子，放入黑芝麻馅，捏成圆球状成汤圆生坯。

④锅置火上，加入清水烧沸，放入汤圆生坯煮至浮面，再用小火煮至汤圆成熟，起锅装碗。

（七）芥末味型

1. 芥末味型的调制规范

（1）风味特征：咸、鲜、冲，具有芥末的刺激感。

（2）主要调味料：芥末糊（芥末膏、芥末油）、食盐、酱油、醋、白糖、冷鲜汤。

（3）主要调制工艺

芥末味型主要通过调制的凉菜芥末味汁来呈现，其调制工艺如下：

芥末糊、食盐、酱油、醋、白糖、冷鲜汤入碗→调匀即成。

（4）加工制作要求

①自制芥末糊应掌握好醋、白糖、沸水、食用油的用量。

②调味料应激发产生出冲味后才宜使用。

2. 芥末味型的代表性运用

芥末味型是川菜的一种常用复合味型，因突出芥末的冲味而得名，多用于凉菜的烹调。

凉菜类芥末味型：芥末肚丝

食材配方

熟猪肚150g、青笋50g、青椒丝10g、甜椒丝10g、芥末油10g、食盐3g、酱油4g、醋10g、白糖1g、味精1g、芝麻油6g、冷鲜汤20g

制作工艺

①熟猪肚从中间片一刀，切成长6cm、粗0.3cm的丝。

②青笋切成长8cm、粗0.3cm的丝，加入食盐拌匀。

③冷鲜汤、食盐、酱油、白糖、味精、醋调匀，再加入芥末油、芝麻油调匀成芥末味汁。

④青笋丝装盘垫底，再放入肚丝，淋入芥末味汁，点缀青椒丝、甜椒丝成菜。

（八）茄汁味型

1. 茄汁味型的调制规范

（1）风味特征：酸甜咸鲜，番茄酱味突出。

（2）主要调味料：番茄酱、白糖、醋、食盐、水淀粉。

（3）主要调制工艺

茄汁味型主要通过调制的热菜茄汁味汁来呈现，其调制工艺如下：

番茄酱炒香→清水、白糖、醋、食盐、水淀粉收汁浓稠→装盘

（4）加工制作要求

①咸鲜味只为基础味，不宜过咸。

②茄汁味的味感层次应是酸甜大于咸鲜，以入口能感到明显的酸甜为度。

2. 茄汁味型的代表性运用

茄汁味型是当今川菜的一种常见复合味型，因以番茄酱作为主要调味料而命名，多用于热菜。此外，茄汁味根据成菜的味感要求，又主要分为甜酸茄汁味、咸鲜茄汁味和酸辣茄汁味3种。

1）甜酸味类茄汁味型：茄汁菊花鱼

食材配方

草鱼1尾（约1 500g）、淀粉100g、鸡蛋1个、芹菜叶20g、食盐5g、料酒10g、姜片5g、葱段10g、番茄酱80g、白糖60g、白醋20g、水淀粉15g、清水80g、食用油1 000g（约耗80g）

制作工艺

①草鱼宰杀后去头、去骨、去尾，取肉，剞十字花刀，再改成5cm大的块，加入食盐、姜片、葱段、料酒拌匀，码味5min。

②鸡蛋煮熟，取蛋黄剁碎成末。

③鱼块粘上淀粉，入180～200℃的油中炸成金黄色的鱼花时捞出，摆放盘中，点缀芹菜叶。

④锅置火上，放油烧至100℃，放入番茄酱炒香，入清水、食盐、白糖、白醋、水淀粉收稠浓味，淋在鱼花上，在鱼花中心表面撒上蛋黄末即成。

2）咸鲜味类茄汁味型：番茄牛尾

食材配方

牛尾500g、番茄200g、番茄酱50g、姜片15g、葱段15g、葱花20g、食盐7g、白糖10g、料酒20g、味精3g、胡椒粉1g、芝麻油5g、水淀粉20g、鲜汤300g、食用油75g

制作工艺

①牛尾洗净，焯水后捞出，入锅中，加姜片、葱段、料酒煮至软熟，捞出，斩成长2cm的段。

②番茄用开水烫后去皮，切碎。

③锅置火上，放油烧至150℃，放入番茄、番茄酱炒香，掺汤，放入牛尾、

食盐、白糖、胡椒粉烧沸入味，入味精、水淀粉勾芡，入芝麻油、葱花和匀，出锅、装盘。

3）酸辣味类茄汁味型：酸辣茄汁鱼片

食材配方

龙利鱼片500g、番茄200g、番茄酱50g、野山椒20g、小米辣10g、香菜10g、葱花10g、姜片15g、葱段15g、食盐7g、料酒5g、蛋清淀粉50g、胡椒粉1g、味精1g、鸡精1g、鲜汤500g、食用油100g

制作工艺

①龙利鱼斜刀片成0.2cm厚的片，加入食盐2g、料酒、蛋清淀粉拌匀。

②番茄去皮、切块；野山椒、小米辣分别切碎。

③锅置火上，放油烧至150℃，放入姜片、葱段爆香，入番茄块、野山椒、小米辣、番茄酱炒香，掺入鲜汤烧沸，入食盐5g、胡椒粉、味精、鸡精调味，入鱼片煮熟，倒入汤碗，撒上葱花、香菜即成。

（九）酱香味型

1. 酱香味型的调制规范

（1）风味特征：咸鲜带甜，酱香浓郁。

（2）主要调味料：甜面酱、食盐、白糖。

（3）主要调制工艺

酱香味型的调制分为冷菜酱香味汁、热菜酱香味汁，其调制工艺分别如下：

①凉菜酱香味汁调制工艺

清水、白糖→入锅熬至浓稠→入甜面酱收稠→入主料炒匀→分散翻砂→晾凉装盘。

②热菜酱香味汁调制工艺

主料→预熟处理→甜面酱炒香→调味→装盘。

（4）加工制作要求

①甜面酱应用小火、低油温炒制。

②控制好甜度，以微甜为度。

2. 酱香味型的代表性运用

酱香味型是川菜的一种常用复合味型，因其主要呈现的是甜面酱的浓郁酱香而得名。它广泛用于冷菜、热菜的烹调之中，又可根据不同菜肴风味的需要，酌加酱油、白糖等丰富其味感。

1）烧菜类酱香味型：酱烧茭白

食材配方

茭白400g、菜心50g、甜面酱30g、食盐2g、白糖5g、味精1g、芝麻油3g、清水200g、食用油500g（约耗60g）

制作工艺

①茭白去皮，切成滚刀块。

②菜心入沸水中焯熟后捞出，装入盘中垫底。

③锅置火上，放油烧至160℃，放入茭白炸至焉软、表皮呈浅黄色时捞出。

④锅置火上，放油烧至100℃，放入甜面酱炒散且出香，入清水、茭白、食盐、白糖烧至成熟，入味精、芝麻油收汁浓稠，盛入菜心上。

2）糖粘类酱香味型：酱酥桃仁

食材配方

核桃仁120g、白糖120g、清水100g、甜面酱6g、食用油500g（约耗10g）

制作工艺

①核桃仁入沸水浸泡后撕去外表皮，入油锅中炸酥后捞出。

②锅置火上，加入清水和白糖，用中小火慢慢熬至糖液黏稠，入甜面酱搅匀至水分将干时端离火源，待糖液中的泡沫消失后放入核桃仁炒匀、分散至其成霜状，晾凉后装盘。

（十）五香味型

1. 五香味型的调制规范

（1）风味特征：色泽棕红，味道咸鲜，混合香味浓郁。

（2）主要调味料：五香粉（辛香料）、食盐。

（3）主要调制工艺

五香味型的调制分为凉菜五香味汁和热菜五香味汁，其调制工艺基本一致：主料→预处理→调味（辛香料）→烹制→装盘成菜。

（4）加工制作要求

①底味要足，在咸鲜味的基础上突出多种辛香料的混合香味。

②控制好辛香料的用量，以香味浓郁为度，不能变“苦”。

2. 五香味型的代表性运用

五香味型是川菜的一种常见复合味型，特点是多种香味浓郁，因而得名。所谓“五香”，并非5种，而是泛指多种辛香料呈现的多种香味。五香味型广泛用于冷菜和热菜烹调之中，又根据菜肴需要酌情选用不同香料。其中，常用的辛香料有八角、茴香、草果、山柰、丁香、甘草、老蔻、肉桂等。

1）卤菜类五香味型：卤猪尾

食材配方

猪尾500g、八角4g、桂皮3g、山柰2g、砂仁1g、草果2g、丁香1g、豆蔻1g、香叶1g、小茴香1g、甘草1.5g、白芷1g、陈皮2g、良姜1g、花椒2g、干辣椒5g、生姜20g、葱段30g、芝麻油20g、味精5g、鸡精5g、猪油100g、色拉油100g、糖色100g、料酒100g、鲜汤3 000g

制作工艺

①八角、桂皮、山柰、砂仁、草果、丁香、豆蔻、香叶、小茴香、甘草、白芷、陈皮、良姜、花椒入盆清洗，放入纱布袋中，扎紧袋口。

②猪尾洗净，入沸水中焯水后捞出。

③锅置火上，掺入鲜汤，放入香料袋、干辣椒、生姜、葱段、猪油、色拉油、冰糖糖色、料酒烧沸，改用小火熬30min至香味溢出，放入猪尾、芝麻油、味精、鸡精，卤煮至猪尾软熟呈棕红色时捞出晾凉，斩成段，装盘。

2）炸收类五香味型：五香熏鱼

食材配方

草鱼1尾（约1 500g）、姜片10g、葱段15g、食盐6g、料酒15g、姜米5g、蒜

米10g、葱花15g、五香粉1g、糖色20g、味精2g、芝麻油5g、清水500g、食用油1000g（约耗80g）

制作工艺

①草鱼宰杀，去头、去骨、去尾，取肉，切成长10cm、粗2cm的条，加入姜片、葱段、食盐3g、料酒5g拌匀，码味15min。

②锅置火上，放油烧至200℃，放入鱼条炸定型断生时捞出，待油温回升到200℃复炸至色金黄、起硬膜时捞出。

③锅置火上，放油烧至120℃，放入姜米、蒜米、葱花7g炒香，掺入清水，入鱼条、料酒10g、五香粉、食盐3g糖色收至香味浓郁，入味精、芝麻油、葱花8g和匀，出锅，晾凉后装盘。

3）酥炸类五香味型：香酥鸡

食材配方

白条仔公鸡1只（约1000g）、八角2g、桂皮2g、山柰2g、丁香1g、茴香1g、甘草1g、豆蔻1g、草果2g、花椒2g、姜片15g、葱段20g、芝麻油10g、食盐20g、味精2g、料酒20g、鲜汤1000g、食用油1000g（约耗30g）

制作工艺

①白条仔公鸡洗净，入沸水中焯水。

②鸡入盆，加入八角、桂皮、山柰、丁香、茴香、甘草、豆蔻、草果、花椒、姜片、葱段、芝麻油、食盐、味精、料酒、鲜汤，入笼蒸2h至鸡肉软熟时取出，沥干表面水分。

③锅置火上，放油烧至180℃，放入鸡炸至外酥香时捞出，斩成小块，装盘即成。可根据口味需要，配上椒盐味碟。

（十一）香糟味型

1. 香糟味型的调制规范

（1）风味特征：咸鲜回甜，具有糟香味。

（2）主要调味料：香糟（醪糟、糟蛋）、食盐。

卤猪头、卤猪尾、卤鸡、卤鸭都
符合五香味型的共同特征

（3）主要调制工艺

香糟味型主要通过调制的凉菜香糟味汁来呈现，其调制工艺如下：

主料→预处理→调味（醪糟汁）→蒸制→晾凉→装盘成菜

（4）加工制作要求

①掌握好食盐的用量，香糟味型中咸鲜是基础，但不能太明显。

②香糟汁或醪糟汁应掌握好用量，以突出其醇香为宜。

2. 香糟味型的代表性运用

香糟味型是川菜的一种常见复合味型，因香糟汁或醪糟为主要调味料调制而得名，主要用于凉菜烹调之中。

凉菜类香糟味型：糟醉冬笋

食材配方

冬笋500g、醪糟汁100g、食盐5g、味精2g、清水250g

制作工艺

①冬笋去老皮，放入沸水中煮熟后捞出，用凉水浸泡晾凉，切成长4cm、粗0.6cm见方的条。

②将冬笋条整齐摆入蒸碗中，放入食盐、醪糟汁、味精、清水，上笼蒸约10min后取出、晾凉，翻扣于碗中，淋上原汁即成。

（十二）烟香味型

1. 烟香味型的调制规范

（1）风味特征：咸鲜醇浓，具有独特的烟熏香味。

（2）主要调味料：食盐、白酒、料酒、辛香料、花椒、姜、葱。

（3）主要调制工艺

烟香味型主要通过调制的凉菜来呈现，其调制工艺如下：

主料→腌制→烟熏→制熟→装盘成菜

（4）加工制作要求

①掌握好腌制时间，食材应充分腌制透。

烟香味型是川菜的一种常用复合味型，因其主要呈现的是烟熏产生的浓郁烟香而得名，比如樟茶鸭。

②熏制材料主要选用稻草、柏枝、茶叶、樟叶、糠壳、锯木屑等。

③烟熏应在相对密封的容器内进行，熏至香味浓郁。

2. 烟香味型的代表性运用

烟香味型是川菜的一种常用复合味型，因其主要呈现的是烟熏产生的浓郁烟香而得名，广泛用于凉菜的烹调之中。根据不同菜肴风味的需要，熏制材料常选用稻草、柏枝、茶味、樟叶、花生壳、糠壳、锯木屑等。

烟熏类烟香味型：樟茶鸭子

食材配方

鸭1只（约1 500g）、葱酱味碟1个；食盐15g、花椒5g、胡椒粉1g、料酒20g、醪糟汁10g、姜片10g、葱段20g、食用油1 500g（约耗5g0）

制作工艺

①食盐、花椒、料酒、醪糟汁、胡椒粉、姜片、葱段混合，均匀地抹在鸭子上，腌制8h，入沸水中焯水后捞出。

②鸭子擦干水分，用茶叶、樟树叶、稻草、松柏枝等作熏料，熏至鸭皮呈黄色时出炉。

③鸭子入笼蒸1h（或卤熟），取出、晾凉。

④锅置火上，放油烧至200℃，放入鸭子炸至皮酥香时捞出，斩成小块，装盘，配上葱酱味碟上桌。

三、川菜创新复合味的调制及运用

川菜的创新复合味，主要是指进入21世纪以来川菜厨师在菜品烹调过程中不断研发、创制并且已得到较为广泛运用的复合味。它们有的源于对已有调味料和食材的突出使用，如泡椒味、茶香味是重用泡辣椒、茶叶而成，有的源于对调味料的挖掘和引进利用，如藤椒味、山椒味、孜香味是利用藤椒、野山椒和孜然调制而成，有的则源于与其他地方菜风味的交流，如剁椒味、豉汁味、芥末酸辣味是吸收借鉴湘菜、粤菜等的调味而成。如今，川菜创新复合味不断涌现，品种极多，这里仅选择一部分品种进行介绍。

（一）藤椒味

1. 藤椒味的调制规范

（1）风味特征：汁色棕红，晶莹翠绿，咸鲜香麻略辣、麻香风味浓郁。

（2）主要调味料：藤椒、藤椒油、小米辣、食盐、味精、胡椒粉、鲜汤。

（3）主要调制工艺

藤椒味的调制分为凉菜藤椒味汁、热菜藤椒味汁，分别有不同的调制工艺。

①凉菜藤椒味的调制工艺

藤椒油、小米辣颗、食盐、味精、胡椒粉、鸡汤入碗→调匀即成

②热菜藤椒味的调制工艺

主料→预处理→调味（藤椒）→制熟→装盘

（4）加工制作要求

①在咸鲜味的基础上应突出麻味。

②辣味作为辅助，以新鲜辣椒为佳。

2. 藤椒味的代表性运用

藤椒味是当今川菜的一种创新复合味，因其重用藤椒而得名。藤椒，学名竹叶花椒，由于其枝叶披散、延长状若藤蔓，故称藤椒。其具有浓郁的麻香味，现已广泛地用于冷菜、热菜的烹调之中，常根据菜肴的需要进行不同的制作。

1）藤椒鸡

食材配方

熟鸡肉200g、藤椒50g、藤椒油10g、小米辣颗20g、食盐8g、味精1g、胡椒粉0.1g、鸡汤200g、食用油15g

制作工艺

①藤椒油、小米辣颗、食盐、味精、胡椒粉、鸡汤入碗，调成藤椒味汁。

②熟鸡肉斩成条，装入凹盘（或汤碗）。

③将藤椒味汁浇淋在鸡肉上，放入藤椒，淋上热油。

2）椒香鱼片

食材配方

黔鱼400g、青笋尖300g、藤椒40g、食盐10g、料酒5g、姜片5g、葱段10g、味精2g、鸡精2g、胡椒粉1g、藤椒油5g、芝麻油3g、葱花50g、鲜汤600g、食用油60g

制作工艺

①黔鱼宰杀、治净，取鱼肉片成片，加入食盐、料酒、姜片、葱段拌匀。

②青笋尖切成4瓣，入沸水焯熟后捞出，放入凹盘垫底。

③锅置火上，掺入鲜汤烧沸，放入食盐、味精、鸡精、胡椒粉、藤椒油、芝麻油调味，放入鱼片煮熟，连汤一起倒在青笋尖上，放上葱花。

④锅置火上，放油烧至130℃，放入藤椒炒香，淋在鱼片上即成。

3）藤椒肥牛卷

食材配方

肥牛片250g、金针菇200g、青尖椒颗15g、小米辣椒颗15g、食盐3g、酱油5g、豉油20、料酒20g、鸡精2g、味精2g、藤椒油8g、鲜汤60g、鲜藤椒20g、食用油40g

制作工艺

①金针菇洗净，入沸水中大火焯1min，捞出、控尽水，放入凹盘中垫底。

②肥牛片入沸水中，加料酒，大火焯熟后捞出，卷成卷，摆放在金针菇上。

③鲜汤、食盐、鸡精、味精、酱油、豉油、藤椒油入锅烧沸，倒入凹盘中。

④鲜藤椒、青尖椒颗、小米辣椒颗放在肥牛上，淋上180℃热油即成。

4）藤椒煮腰花

食材配方

猪腰400g、水发木耳100g、青瓜200g、冻豆腐100g、青尖椒颗25g、小米辣椒颗25g、鲜藤椒8g、姜米10g、蒜米20g、葱花30g、郫县豆瓣30g、食盐2g、料酒10g、味精1g、鸡精1g、辣椒油50g、藤椒油10g、鲜汤300g、食用油50g

制作工艺

①猪腰洗净，撕去薄膜，从中间片成两片，片去腰臊，剞成麦穗形，入沸水焯熟后捞出。

②青瓜、冻豆腐切成条。

③锅置火上，放油烧至120℃，放入郫县豆瓣、姜米、蒜米、葱花炒香，掺入鲜汤烧沸3～5min，沥去料渣，放入食盐、料酒、味精、鸡精调味，入水发木耳、青瓜、冻豆腐煮熟，捞出、装入碗中垫底；入腰花、辣椒油、藤椒油煮沸，倒入碗中，面上放入青尖椒颗、小米辣椒颗、鲜藤椒，淋上180℃的热油即成。

5）藤椒鲜鲍

食材配方

鲜鲍10个、黄瓜片10片、青尖椒颗50g、小米辣椒颗50g、薄荷叶10片、鲜藤椒30g、姜米5g、蒜米8g、葱段15g、食盐4g、料酒10g、胡椒粉0.5g、味精1g、藤椒油10g、食用油500g（约耗40g）。

制作工艺

①鲍鱼清洗干净，改成十字花刀，加料酒、胡椒粉、葱段腌制入味。

②锅置火上，放油烧至150℃，放入鲍鱼炸熟后捞出，分别装入10个垫有黄瓜片的小盅。

③锅置火上，放油烧至120℃，放入鲜藤椒、姜米、蒜米、青尖椒颗、小米辣椒颗炒香，入食盐、味精、藤椒油炒匀，舀入鲍鱼上，点缀薄荷叶即成。

（二）泡椒味

1. 泡椒味的调制规范

（1）风味特征：咸鲜酸辣，具有浓厚的泡椒风味。

（2）主要调味料：食盐、泡辣椒、醋、胡椒粉、味精、姜、蒜、葱。

（3）主要调制工艺

泡椒味的调制分为凉菜泡椒味汁、热菜泡椒味汁，其调制工艺基本相似如下：

主料→预处理→调味→烹制→装盘

（4）加工制作要求

①在咸鲜味的基础上应突出泡辣椒的酸辣。

②根据成菜风味的不同，泡辣椒可选用泡二荆条、泡灯笼椒、泡小米辣等。

2. 泡椒味的代表性运用

泡椒味是当今川菜的一种创新复合味，因其重用泡辣椒而得名。泡辣椒是川菜独特的调味料之一，在川菜传统复合味型如鱼香味型中采用二荆条辣椒且用量不大、常充当配角，但如今则增加了辣椒的品种和用量，如小米辣、野山椒等，使其成为复合味的主角，并且已较为广泛地用于冷菜、热菜的烹调之中。

1）泡椒凤爪

食材配方

凤爪500g、姜片10g、葱段25g、料酒10g、食盐40g、野山椒150g、泡小米辣50g、白醋25g、鸡精3g、八角2g、胡椒粉2g、凉开水1000g

制作工艺

①凤爪入清水浸泡去尽血水，再放入沸水中，加入姜片、葱段、料酒煮约15min至断生后捞出、晾凉。

②胡椒粉入锅，加入清水150g，用小火熬制5min，取胡椒水澄清液。

③野山椒（带野山椒原汁）入盆，加入泡小米辣、食盐、白醋、鸡精、八角、胡椒水、凉开水，调成泡椒水。

④将凤爪放入泡椒水中浸泡12h至入味，捞出，经刀工处理后装盘。

2）泡椒墨鱼仔

食材配方

墨鱼仔500g、西芹100g、泡灯笼椒200g、泡辣椒末20g、姜米10g、蒜米20g、葱丁30g、食盐2g、料酒20g、醪糟汁10g、胡椒粉1g、芝麻油6g、鲜汤100g、水淀粉15g、泡辣椒油120g

制作工艺

①墨鱼仔加少量醋洗净，入沸水，加入料酒焯水后捞出。

②西芹去筋，切成菱形块。

③锅置火上，放泡辣椒油烧至100℃，放入泡辣椒末、泡灯笼椒、姜米、蒜米、葱丁炒香，掺入鲜汤烧沸出味，沥去料渣，入食盐、料酒、醪糟汁、胡椒粉、芝麻油、墨鱼仔、西芹，烧至入味断生，入水淀粉收汁浓稠呈二流芡状，出

锅、装盘。

3）泡椒鲜鱼

食材配方

草鱼1尾（约750g）、姜片20g、葱段30g、料酒20g、胡椒粉2g、花椒1g、泡辣椒碎50g、泡姜米10g、蒜米15g、葱花25g、食盐8g、白糖1g、味精2g、酱油5g、醋10g、鲜汤250g、水淀粉25g、泡椒油50g、食用油50g

制作工艺

①草鱼宰杀、洗净，在鱼身两面各剞数刀。

②锅置火上，掺入清水，加入姜片、葱段、料酒、胡椒粉、花椒、食盐5g烧沸，改用小火煮5min，放入草鱼焖煮至刚熟时捞出，装盘。

③锅置火上，放食用油、泡椒油烧至120℃，放入泡辣椒碎、泡姜米、蒜米、葱花炒香，入鲜汤、食盐3g、白糖、味精、酱油、醋烧沸，入水淀粉收浓成二流芡汁状，淋在鱼上即成。

（三）剁椒味

1. 剁椒味的调制规范

（1）风味特征：色泽自然，鲜辣咸鲜，清爽不腻。

（2）主要调味料：青尖椒、二荆条、小米辣、野山椒、花椒、食盐、白糖、鸡精、酱油、姜、蒜。

（3）主要调制工艺

剁椒味的调制分为凉菜剁椒味、热菜剁椒味，分别有不同的调制工艺。

①凉菜剁椒味的调制工艺

青尖椒粒、二荆条粒、姜末、蒜泥、花椒入锅炒至断生→入食盐、白糖、酱油、鸡精炒匀→装盘。

②热菜剁椒味的调制工艺

主料→预处理→码味→蒸制→装盘成菜。

（4）加工制作要求

剁椒味是当今川菜的一种创新复合味，因使用剁椒而得名，是吸收借鉴湖南菜的调味方法而来

①辣椒应选用新鲜饱满、无损伤者，应加工成颗粒或剁碎。

②在咸鲜的基础上应重用辣椒。

2. 剁椒味的代表性运用

剁椒味是当今川菜的一种创新复合味，因使用剁椒而得名，是吸收借鉴湖南菜的调味方法而来，现已常见于川菜的冷菜、热菜的烹调之中，常根据菜肴的需要进行不同的制作。

1）剁椒茄子

食材配方

长茄子300g、青尖椒100g、二荆条45g、花椒1g、蒜泥15g、姜末10g、食盐5g、鸡精2g、白糖5g、酱油5g、食用油50g

制作工艺

①青尖椒、二荆条切成小粒。

②长茄子去皮，切成长条，入笼蒸熟后取出，装盘。

③锅置火上，放油烧至120℃，放入姜末、蒜泥、花椒、青尖椒粒、二荆条粒炒至断生，入食盐、白糖、酱油、鸡精炒匀，浇到茄子上成菜。

2）开门红鱼头

食材配方

花鲢鱼头1个（约800g）、红甜椒300g、食盐6g、料酒30g、姜片17g、葱段25g、花椒1g、青尖椒粒50g、小米红椒粒100g、野山椒粒50g、胡椒粉2g、味精2g、酱油10g、食用油50g

制作工艺

①鱼头洗净，对剖成相连的两半，加入食盐2g、料酒10g、姜片7g、葱段10g拌匀，码味15min。

②红甜椒对剖，去籽，切成大片。

③食盐4g、料酒20g、姜片10g、葱段15g、花椒、青尖椒粒、小米红椒粒、野山椒粒、胡椒粉、味精、酱油、食用油入碗，调成味汁。

④鱼头放入大汤盘中，淋上味汁，盖上红甜椒片，入笼，用旺火蒸12min至

熟时取出。

（四）山椒味

1. 山椒味的调制规范

（1）风味特征：辣酸咸鲜，野山椒风味浓郁。

（2）主要调味料：食盐、野山椒、胡椒粉、味精、姜、蒜、葱。

（3）主要调制工艺

山椒味的调制分为凉菜山椒味汁、热菜山椒味汁，其调制工艺基本相似如下：

主料→预处理→调味→烹制→装盘

（4）加工制作要求：

①在咸鲜的基础上应突出野山椒的辣酸。

②应控制好辣度，做到辣而不燥。

2. 山椒味的代表性运用

山椒味是当今川菜的一种创新复合味，因其重用野山椒而得名。野山椒是对椒果朝天（朝上或斜朝上）生长的这一类群辣椒的统称，是按果实着生状态分类的，包括簇生椒、圆锥椒（小果型）、长辣椒（短指形）、樱桃椒，特点是椒果小、辣度高。如今，山椒味已广泛地用于川菜的冷菜、热菜烹调，常根据菜肴的需要进行不同制作。

1）山椒泡花生仁

食材配方

新鲜花生仁200g、野山椒30g、野山椒水50g、小米辣10g、食盐10g、凉开水300g

制作工艺

①新鲜花生仁去皮；野山椒、小米辣切成小颗粒。

②野山椒、野山椒水、小米辣、食盐、凉开水入碗调成味汁，入花生仁浸泡4h，捞出，装盘即成。

2）山椒嫩滑兔

食材配方

兔肉200g、青笋100g、泡仔姜50g、野山椒30g、食盐4g、料酒10g、胡椒粉1g、鸡精2g、水淀粉25g、蛋清淀粉60g、鲜汤300g、芝麻油3g、食用油1000g（约耗70g）

制作工艺

①兔肉切成1cm见方的小丁，加入食盐、料酒、蛋清淀粉拌匀。

②青笋切成梳子背，泡仔姜、野山椒分别切成小丁。

③锅置火上，放油烧至130℃，放入兔丁滑熟，入青笋滑断生捞出。

④锅置火上，放油烧至120℃，放入泡仔姜、野山椒炒香，入鲜汤、食盐、料酒、胡椒粉烧沸出味，入兔丁、青笋、鸡精、芝麻油烧沸，入水淀粉收汁成清二流芡汁，出锅、装盘。

3）野山椒焖蟹

食材配方

肉蟹1只（约400g）、野山椒50g、泡小米椒30g、泡仔姜碎25g、瓣蒜50g、葱段15g、食盐5g、鸡油50g、味精1g、鲜汤100g、啤酒100g、食用油1000g（约耗70g）

制作工艺

①肉蟹宰杀、洗净，从中间剖成两半，每半再斩成4块。

②锅置火上，放油烧至160℃，放入肉蟹炸至成熟时捞出。

③锅置火上，放入食用油和鸡油烧至120℃，入野山椒、泡小米椒、泡仔姜碎、瓣蒜、葱段炒出香味，入鲜汤、啤酒、食盐、味精、肉蟹烧沸，改用小火焖2～3min，出锅、装盘。

（五）豉汁味

1. 豉汁味的调制规范

（1）风味特征：豉香浓郁，鲜咸味醇。

（2）主要调味料：豆豉、青椒、甜椒、食盐、胡椒粉、白糖、酱油、味精、芝麻油、葱、姜。

（3）主要调制工艺

豉汁味主要通过调制的热菜豉汁味来呈现，其调制工艺如下：

豆豉加工成泥炒香→入青椒、甜椒、食盐、胡椒粉、白糖、酱油、味精、芝麻油、葱、姜拌匀→装碗。

（4）加工制作要求

①豆豉应加工成泥，炒制时应用小火，以免炒焦。

②根据不同菜品的风味，可以酌加青红辣椒、辣椒油等调料。

2. 豉汁味的代表性运用

豉汁味，又称豉香味，是近年来从粤菜中演变出的一种新型复合味，成菜色泽美观，味道咸鲜醇香，略带辣味，多用于热菜制作。

1）豉汁蟠龙鳝

食材配方

青鳝1尾（约750g）、豆豉100g、青椒20g、甜椒20g、食盐3g、胡椒粉1g、白糖3g、蒸鱼豉油30g、蚝油10g、味精2g、鸡精2g、芝麻油5g、葱10g、姜5g、料酒20g、食用油50g

制作工艺

①青鳝经初加工后洗净，在背部剞一字花刀，刀距为1cm、深度为食材的2/3、腹部相连，盘放在圆凹盘中。

②豆豉加工成泥，炒香；青椒、甜椒分别切颗粒；葱切成葱花；姜剁细成末。

③豆豉、青椒、甜椒、食盐、胡椒粉、白糖、蒸鱼豉油、蚝油、味精、鸡精、芝麻油、葱、姜、料酒入碗，调匀成豉汁味，浇淋在青鳝上，入笼蒸熟即成。

2）豉椒鱿鱼卷

食材配方

鲜鱿鱼400g、青椒100g、甜椒100g、豆豉60g、姜片5g、蒜5g、葱节10g、白糖2g、食盐3g、生抽6g、蚝油10g、鸡精2g、水淀粉20g、鲜汤20g、食用油60g

制作工艺

①鲜鱿鱼去外皮，洗净，剞十字花刀，入沸水锅中烫至卷曲成鱿鱼卷，捞出，控尽水。

②青椒、甜椒分别切成菱形片，入油锅中滑熟后捞出。

③生抽、食盐、鸡精、水淀粉、鲜汤入碗，调成芡汁。

④锅置火上，放油烧至180℃，入姜片、蒜、葱节爆香，入豆豉、鱿鱼卷炒香，入青椒、甜椒、蚝油、白糖炒匀，入芡汁至收汁亮油，出锅、装盘即成。

（六）孜香味

1. 孜香味的调制规范

（1）风味特征：色泽红亮，麻辣咸鲜，孜香味浓郁。

（2）主要调味料：孜然粉、辣椒粉、花椒粉、食盐、味精、白糖、辣椒油、芝麻油、花椒油、姜、蒜、葱、洋葱。

（3）主要调制工艺

孜香味主要通过调制的热菜孜香味汁来呈现，其调制工艺如下：

孜然粉、辣椒粉、花椒粉炒香→姜、蒜、葱、洋葱炒香→食盐、味精、白糖、辣椒油、芝麻油、花椒油炒匀→装碗。

（4）加工制作要求

①孜然粉应选用气味芳香而浓烈的现磨品，并且应炒香。

②孜香味应以咸鲜为基础，突出呈现孜然的香味，再辅以麻辣效果更佳。

2. 孜香味的代表性运用

孜香味是当今川菜的一种创新复合味，因重用孜然而得名。孜然，又名枯茗、孜然芹，为伞形目伞形科孜然芹属的草本植物，富含精油，气味芳香浓烈，原产于埃及、埃塞俄比亚，中国新疆有栽培，如今，川菜引入并广泛运用于以牛肉、羊肉、猪肉和海鲜等为主料的热菜调味。

1）孜香鱿鱼排骨

食材配方

鲜鱿鱼300g、排骨400g、土豆200g、洋葱100g、青尖椒100g、红尖椒100g、姜片5g、蒜片10g、葱丁20g、辣椒粉50g、花椒粉3g、孜然粉15g、食盐15g、味精3g、白糖2g、辣椒油20g、芝麻油5g、花椒油5g、食用油2 000g（约耗150g）

制作工艺

①鲜鱿鱼洗净，切成条，入油锅中炸熟后捞出；土豆切条，入油锅中炸熟后捞出；洋葱切成小块；青尖椒、红尖椒分别切成1cm长的丁。

②排骨斩成长4cm的段，入卤水锅中卤至软熟时捞出，沥干水分，入油锅中炸至成金黄色、外酥时捞出。

③锅置火上，放油烧至160℃，放入姜片、蒜片、葱丁、青尖椒、红尖椒、洋葱爆香，入辣椒粉炒香，入花椒粉、孜然粉、食盐、白糖炒匀，入鲜鱿鱼、排骨、土豆炒匀，入辣椒油、味精、芝麻油、花椒油炒匀，出锅、装盘即成。

2）麻辣孜香烤鱼

食材配方

鳙鱼1尾（约1 000g）、洋葱100g、甜椒50g、青椒50g、芹菜100g、魔芋100g、姜片20g、葱段30g、香菜碎10g、葱花10g、孜然粉15g、辣椒粉30g、花椒粉3g、食盐15g、味精2g、芝麻油5g、花椒油10g、胡椒粉1.5g、料酒20g、鲜汤100g、食用油150g

制作工艺

①洋葱、甜椒、青椒分别切成块，芹菜切成节，魔芋切成片，放入方盘垫底。

②鳙鱼采用背开宰杀，洗净，加入姜片10g、葱段10g、食盐5g、胡椒粉0.5g、料酒10g拌匀，码味10min，入炭火中烤熟，放在辅料上。

③锅置火上，放油烧至100℃，放入孜然粉、辣椒粉、花椒粉、姜片10g、葱段20g炒香，入鲜汤、食盐10g、味精、芝麻油、花椒油、胡椒粉1g、料酒10g烧沸，淋在鱼上，撒上香菜碎、葱花，上桌放在炉灶上加热后食用。

（七）茶香味

1. 茶香味的调制规范

（1）风味特征：色泽自然，咸鲜清淡，茶香味浓郁。

（2）主要调味料：茶叶、食盐、白糖、味精、姜、蒜、料酒。

（3）主要调制工艺

茶香味主要通过调制的热菜茶香味来呈现，其调制工艺如下：

茶叶→沸水浸泡→炸香→烹制→成菜。

（4）加工制作要求

①茶叶应用沸水泡涨发透，炸时应控制好油温和时间，以炸酥香为度。

②茶的香味应与主料有机融合，掌握好不同茶叶与食材和味型的搭配规律。

2. 茶香味的代表性运用

茶香味是当今川菜的一种创新复合味，因重用茶叶而得名。以茶入馔，在巴蜀地区历史上曾经出现过，但是较为稀少、零散。如今，茶叶则较多地出现在川菜的热菜烹调之中，并且演变而成了新的复合味。

1）茶香小排

食材配方

仔排250g、蒙顶甘露20g、姜片5g、蒜片6g、青尖椒20g、红尖椒20g、食盐5g、料酒5g、蒜香粉5g、生粉30g、白糖1g、味精2g、熟芝麻3g、食用油1 000g（约耗70g）

制作工艺

①蒙顶甘露入碗，加入沸水泡涨，捞出茶叶，留茶水备用；青尖椒、红尖椒分别切成小圆圈。

②仔排斩成小块，加入食盐、料酒、茶水、蒜香粉、味精拌匀，入生粉拌匀，腌制30min。

③锅置火上，放油烧至180℃，放入仔排炸至外酥内熟、色金黄捞出；再放入沥干水分的茶叶炸至干香时捞出。

④锅置火上，放油烧至160℃，放入姜片、蒜片、青尖椒、红尖椒炒香，入

仔排、茶叶、食盐、白糖、味精炒匀，出锅装盘，撒上熟芝麻即成。

2）茶香鸡豆花

食材配方

峨眉雪芽20g、鸡脯肉125g、菜心10g、鸡蛋清100g、食盐3g、姜葱水100g、胡椒粉0.1g、料酒3g、水淀粉50g、味精1g、清汤2 000g

制作工艺

①鸡脯肉加工成泥状，去筋，加入姜葱水、鸡蛋清、食盐、料酒、胡椒粉、水淀粉、味精搅匀成鸡浆。

②锅置火上，入清汤800g烧沸，放入峨眉雪芽泡涨，捞出茶叶，留汤备用。

③锅置火上，将菜心在清水中煮熟。

④锅置火上，掺入剩余清汤烧沸，倒入鸡浆，用小火慢煮至成熟、呈豆花状，舀入汤碗中，灌入泡有茶叶的清汤，放上熟菜心即成。

（八）芥末酸辣味

1. 芥末酸辣味的调制规范

（1）风味特征：咸、鲜、酸、辣，具有芥末的刺激感。

（2）主要调味料：芥末膏（芥末油）、辣椒油、食盐、酱油、醋、白糖。

（3）主要调制工艺

芥末酸辣味主要通过调制的热菜芥末酸辣味来呈现，其调制工艺如下：

芥末膏（芥末油）、辣椒油、食盐、酱油、醋、白糖入碗→调匀→装碗。

（4）加工制作要求

①芥末酸辣味应以咸鲜为基础，突出酸辣和芥末的冲味。

②可以加小米辣辅助增辣。

2. 芥末酸辣味的代表性运用

芥末酸辣味是当今川菜的一种创新复合味，以川菜传统的芥末味型为基础创新演变而来，增加了辣椒油等调味料，因重用芥末并且突出酸辣而得名，多用于热菜的烹调。

荞面鸡丝

食材配方

熟鸡肉50g、荞面100g、小米辣粒10g、葱花5g、食盐5g、酱油5g、醋10g、白糖1g、味精1g、芥末油10g、辣椒油20g、芝麻油3g、冷鲜40g

制作工艺

①荞面入锅煮熟，捞出晾凉，装入碗中垫底。

②熟鸡肉切成长6cm、粗0.3cm的丝，放于荞面上。

③小米辣粒、食盐、酱油、醋、白糖、味精、芥末油、辣椒油、芝麻油、冷鲜汤调匀成味汁，淋在鸡丝和荞面上，撒上葱花即成。

参考文献

[1]（清）袁枚. 随园食单[M]. 北京：中国商业出版社，1984.

[2]张富儒. 川菜烹饪事典[M]. 重庆：重庆出版社，1984.

[3]四川省饮食服务技工学校、天府酒家. 川菜烹饪学[M]. 成都：内部资料，1981.

[4]罗长松. 中国烹饪工艺学[M]. 北京：中国商业出版社，1990.

[5]马素繁. 川菜烹调技术[M]. 成都：四川教育出版社，2009.

[6]邓开荣，陈小林. 川菜厨艺大全[M]. 重庆：重庆出版社，2007.

[7]李新. 四川省志·川菜志[M]. 北京：方志出版社，2016.

[8]中华人民共和国商务部·国内贸易行业标准SB/T 10946—2012—川菜烹饪工艺[S]. 北京：中国标准出版社，2013.

[9]地方标准DB51/T 1416—2011 中国川菜烹饪工艺规范[S]. 成都：四川省质量技术监督局，2011.

[10]张茜. 甜味调味品与川菜的风味特点——兼论四川地区嗜甜的饮食风俗[J]. 中国调味品，2015（12）：136-140.

[11]刘文君. 调味的基本原理和方法[J]. 中国调味品，2003（9）：35-37.

[12]杨育才，王桂英，谷大海，等. 食盐对鸡汤挥发性风味物质的影响[J]. 核农学报，2020（06）：126-134.

味之道

——川菜味型与调味料研究

咸鲜味型 五香味型 煳辣味型 酸辣味型 椒麻味型 茄汁味型 怪味味型 麻辣味型 鱼香味型 红油味型 麻酱味型 蒜泥味型 芥末味型 酱香味型 糖醋味型 姜汁味型 家常味型 椒盐味型 陈皮味型 甜香味型 香糟味型 咸甜味型 荔枝味型

第三章 川菜基本调味料的运用历史

川菜是味型最多的著名地方风味流派，最常见的复合味型有24种，有“味在四川”之誉。而丰富多样的调味料是其重要的物质基础。从古至今，巴蜀人民不仅十分注重培育和引进优良的种植调味料，也注重生产、酿造高品质的调味品，如清溪花椒、北碚莴姜、成都二荆条辣椒、温江独头蒜以及自贡井盐、内江白糖、阆中保宁醋、中坝酱油、郫县豆瓣、永川豆豉、涪陵榨菜、叙府芽菜、南充冬菜、新繁泡菜、忠州豆腐乳等，并且将它们大量地用于川菜烹饪之中，进行巧妙的调味，从而调制出众多复合味型。在川菜大量使用的调味料中，既有许多基本调味料，也有许多复合型调味料。本章主要以化学味道的基本味为依据，结合川菜“清鲜醇浓并重，善用麻辣”的调味特色进行分类，选择一些川菜常用或颇具特色的基本调味料，分为麻辣、辛香、咸鲜、酸甜等类别，较详细地阐述其在川菜中作为基础性调味料的运用历程。

第一节 | 川菜麻辣与辛香类基本调味料的运用历史

川菜善于调味，有着“尚滋味”“好辛香”的调味传统，其风味特色是“清鲜醇浓并重，善用麻辣”。与其他风味流派相比，“好辛香”“善用麻辣”更是独树一帜。这是源于川渝地区人们对麻辣与辛香类调料的长期而巧妙使用，恰如清代顾仲《养小录》“嘉肴篇”言：“凡烹调用香科，或以去腥，或以增味，各有所宜。”

一、麻辣类基本调味料

在川菜烹调中，常用而颇具特色的麻辣类基本调味料主要有花椒、辣椒、胡椒，即川菜业界常说的“三椒”，以及各种豆瓣酱。

（一）花椒

花椒，原产于中国，又称山椒、秦椒、蜀椒，是芸香科植物花椒的果实，其叶也可作为调味料。通常而言，花椒，是指花椒树结的果实，形状如小豆而圆，皮呈红色或紫色，内含种子，黑色有光泽。花椒树喜光，较喜温，大树可耐-25℃低温。中国辽宁南部以南广泛分布，以河北、河南、山东、山西、陕西、四川为主要产区。花椒，在先秦时期的文献中已有记载。《诗经·椒聊》言："椒聊之实，蕃衍盈升。彼其之子，硕大无朋。"椒即花椒。而四川出产的花椒，称为蜀椒，是中国著名的花椒品种之一。欧美国家常常把花椒译作Sichuan pepper（四川胡椒），可见蜀椒的名气之大。

四川在秦汉时已普遍种植花椒。汉代扬雄《蜀都赋》有"木艾椒蓠"之言，晋代左思《蜀都赋》称"或蕃丹椒"。椒蓠是泛指四川地区的各种花椒，而丹椒则是指其中品质优异的红花椒。李善在《文选·蜀都赋》注称："岷山特多药草，其椒尤好，异于天下。"魏晋时期，吴普《神农本草经》引《范子计然》言："蜀椒出武都，赤色者善。" 到南北朝时，四川花椒不仅在川内广为种植，而且走出四川，到外地安家落户。南朝梁陶弘景《名医别录注》说："蜀椒生武都山谷及巴郡。八月采实，阴干。"北魏贾思勰《齐民要术》"种椒第四十三"载"蜀椒出武都"，并指出："今青州有蜀椒种。本商人居椒为业，见椒中黑实，乃遂生意种之……数岁之后，便结子，实芬芳、形、色与蜀椒不殊，气势微弱耳。遂分布栽移，略遍州境也。"这说明当时黄河流域已经有四川花椒的贸易和种植。唐宋至明清时期，在四川花椒中，又逐渐推崇茂汶和清溪所产。《广群芳谱》引《四川志》言："各州县俱出花椒，惟茂州出者最佳。其壳一开一合者最妙。"茂州，即今之茂汶。而清溪花椒更是贵重，在宋代以后成为贡品上达宫廷和官府，这在《宋史·地理志》《元和郡县志》《明一统志》及汉源县志中均有记载。清光绪十三年（1887年）刻本《雅州府志》卷五记载，清溪县（即今汉源县）的物产："梨（黎）椒：阖县皆产，惟署中一二株为佳，古传唐三藏经此以所拄梨杖插之生此。" 民国30年铅印本《汉源县志·食货志》说："黎椒树如茱萸有刺，今通俗名花椒。县中广产，以附城（今清溪乡）、牛市坡

四川出产的花椒，称为蜀椒，“各州县俱出花椒，惟茂州出者最佳。其壳一开一合者最妙。”是中国著名的花椒品种之一。

（今建黎乡）为最佳。盖每粒有小粒附之，故称为子母椒……气味辛和，用途亦广，本境方物，历贡此品。” 在四川，花椒市场十分活跃。清代定晋岩樵叟在《成都竹枝词》中对花椒交易时的场景有生动记述：“核桃柿饼与花椒，文县人来赶岁朝。叫喊闻声知老陕，几回争价不相饶。”

由于四川优质花椒品种的大量种植和出产，人们便竭尽全力地把它运用到饮食烹饪之中。既以花椒叶代茶、煮制后饮用，也用花椒制作椒柏酒，更用花椒作为菜点的调味料，而这是当时人和后来者最普遍使用的。最早记载用花椒作为调味料制作菜点的是汉代刘熙《释名·释饮食》：“衔炙，细密肉和以姜、椒、盐、豉，已乃，以肉衔裹其表而炙之也。”晋代束皙《饼赋》描述当时的面条制作中也提到了“椒兰是畔”，即以花椒为其调料。到南北朝时，北方的魏贾思勰《齐民要术》在“脯腊法”“羹臛法”“蒸缹法”“炙法”等篇中详细记载了用花椒为调料制作的许多菜肴，常常是椒姜并提， 而且将花椒、姜与橘皮、葱、小蒜一起搭配调味。其中，“炙法”篇使用花椒的非常多，有灌肠法（烤羊灌肠）、捣炙法（烤肉棒）、衔炙法（烤仔鹅）、饼炙（煎鱼饼）、范炙（烤鹅鸭）、炙鱼（烤鱼）等。如“衔炙法”载：“取极肥子鹅一只，净治，煮令半熟，去骨，剉之（捣碎）。和大豆酢（苦酒）五合，瓜菹（酸菜）三合，姜、橘皮各半合，切小蒜一合，鱼酱汁二合，椒数十粒作屑，合和，更剉令调（再捣烂使它调和）。取好白鱼肉，细琢，裹作串，炙之。”“捣炙法”载：“取肥子鹅肉二斤，剉之，不须细剉。好醋三合，瓜菹（酸菜）一合，葱白一合，姜、橘皮各半合，椒二十枚作屑，合和之， 更剉令调（再捣烂使它调和）。聚著充竹作串上，破鸡子十枚；别取白，先摩之，令调。复以鸡子黄涂之。唯急火急炙之，使焦。汁出便熟。”南方的梁朝吴均在《饼说》中指出，以武都出产的蜀椒制作饼食，“既闻香而口闷， 亦见色而心迷”。这些表明汉魏以后， 花椒已作为重要的调味料用于包括四川在内的中国南北地区菜点烹调，尤其是对川菜“好辛香”的风味特色形成和发展起到了重要的促进作用。

唐宋至元明时期，花椒逐渐成为川菜重要的调味料。唐代时，段成式在《酉阳杂俎》卷七“酒食”中描述了许多四川菜点，载有一款名为“蜀捣炙”的菜肴，与《齐民要术》的“捣炙法”名称相似，遗憾的是没有明确记载其制法，江玉祥《蜀椒考——川味杂考之三》推测认为“可能就是四川的椒麻味烧烤”。宋代林洪《山家清供》指出，“黄金鸡”不仅加花椒调味，而且使用“川炒法”，说明当时四川炒制这类菜肴常常是要加花椒的。元代时，倪瓒《云林堂饮食制度集》则明确记载了用花椒为调料制作的川味菜肴“川猪头”：“用猪头不劈开者，以草柴火熏去延（涎），刮洗极净。用白汤煮，几换汤，煮五次，不入盐。取出后，冷，切作柳叶片。入长段葱丝、韭、笋丝或茭白丝），用花椒、杏仁、芝麻、盐拌匀，酒少许洒之，荡锣内蒸。手饼卷食。”

到清代以后，花椒则成为川菜烹饪中必不可少的麻味调料，无论蒸、炒、炖、烧、腌等烹饪方法制作的菜肴，常常都离不开它。花椒作为基础调料的使用方法有许多，但主要分为两大类：第一，取花椒颗粒或磨成粉直接使用。清代乾隆年间，李化楠《醒园录》记载了许多花椒入菜调味之事，如做清酱法、做香豆豉法、做水豆豉法、腌肉法、风鸡鹅鸭法、新鲜盐白菜炒鸡法、封鸡法、假烧鸡鸭法、煮燕窝法、煮鹿筋法、顿（疑为“炖”之误）脚鱼法、醉鱼法、蛋卷法等13种都用花椒调味。光绪年间，曾懿《中馈录》载，制宣威火腿法、制香肠法、制五香熏鱼法、制糟鱼法、制风鱼法、制醉蟹法、制泡盐菜法、制冬菜法等也都用花椒调味，并且在“制泡盐菜法”中指出：“泡菜之水，用花椒、盐煮沸，加烧酒少许。凡各种蔬菜均宜，尤以豇豆、青红椒为美，且可经久。”此外，近现代四川名菜麻婆豆腐、夫妻肺片等菜肴，主要使用花椒粉调味；而毛肚火锅、麻辣烫、串串香等火锅类系列菜品，则主要使用花椒颗粒调味。第二，用花椒制取花椒油后再入烹。民国30年铅印本《汉源县志·食货志》载：“花椒油：县产花椒，气味甲于他处。每值新椒下树时，用菜油煎沸，注入新椒中，冷后取油盛罐，香芬异常。”如作为面条、凉拌菜的调味料，主要是花椒油，麻香与鲜美兼备。清代定晋岩樵叟在《成都竹枝词》中赞美了花椒的香味：“秦椒泡菜果然香，美味由来肉爨汤”。此外，四川还常将花椒和食盐混合调制出椒盐味型，如用椒盐调味的花卷、烧饼等；用花椒与葱混合调制出椒麻味型，著名品种如椒麻鸡、椒麻竹笋等。这些菜点都别有风味，深得人们喜爱。

（二）辣椒

辣椒，又叫番椒、海椒、辣子、辣角等，是一种茄科辣椒属植物。辣椒的果实通常呈圆锥形或长圆形，未成熟时多为绿色，成熟后变成鲜红色、黄色或紫色，以红色最为常见。它因果皮含有辣椒素而有辣味，能增进食欲；所含的维生素C较多，其含量在蔬菜中居第一位。

辣椒，原产于南美洲。15世纪末，哥伦布发现美洲之后把辣椒带回欧洲，并由此传播到世界各地，逐渐成为世界范围内广泛使用的一种辣味调料。辣椒大致在16世纪末的明代末年传入中国，被称为番椒。在传入之初期，辣椒仅作为观赏花卉，后来才逐渐用于烹饪原料。辣椒，在我国的最早记载见于明代万历十九年（1591年）高濂《草花谱》和《遵生八笺》，被当作花卉。明代汤显祖在万历二十六年（1598年）完成的《牡丹亭》中列有“辣椒花”。明末徐光启《农政全书》才指出了辣椒的食用价值：番椒“白花，子如秃笔头，色红鲜可爱，味甚辣”。到清代时，人们已充分认识到辣椒的食用价值，开始大量种植，不仅作蔬菜，也用作辣味调料，并逐渐取代食茱萸而成为辣味调料的主力军。清代陈淏子于康熙二十七年（1688年）撰写出版的《花镜》卷六“花草类考”列有“番椒”条，记载道：番椒，“一名海疯藤，俗名辣茄。本高一二尺，丛生白花，秋深结子，俨如秃笔头倒垂，初绿后朱红，悬挂可观。其味最辣，人多采用。研极细，冬月以取代胡椒。收子待来春再种”。清代朱彝尊在清雍正九年（1731年）刊行的《食宪鸿秘》中正式将它列为36种香料之一。

辣椒传入中国的路径有多条，据考证其中一条是从浙江及附近沿海传入，然后经湖南、湖北传入四川。在四川，现存最早记载辣椒的文献是乾隆十四年（1749年）的《大邑县志》：“秦椒，又名海椒。”但是，截至目前未见文献明确记载辣椒的传入者，研究者大多认为最早是由湖南宝庆府的移民传入。因宝庆府是湖南最早记载、食用辣椒的地区，也是康熙年间移民入川的中心区域之一，“托名开荒，携家入蜀者，不下数十万”，吴松弟《宋代以来四川的人群变迁与辛味调料的改变》一文指出极有可能是这些移民将辣椒及食用习俗带入四川。由于辣椒非常契合四川人“好辛香”的调味传统，加之四川大部分地区日照时间短、空气湿度大，辣椒又有祛风除湿、开胃生津的作用，促使辣椒在巴蜀大地得到了普遍的种植和喜爱，人们大量用它来烹调菜肴。乾隆五十五年（1790年）南溪知县翁霪霖所著《南广杂咏》描述了宜宾地区南溪县辣椒上市贩卖的情景，“紫茄白菜碧瓜条，一把连都入市挑。瞥见珊瑚红一挂，担头新带辣海椒。”到清代嘉庆年间，辣椒已在四川迅速普及，金堂、华阳、成都、南溪、夹江、犍为等10余个州县的方志中均有大量记载。到清代光绪以后至民国时，四川已培育出许多辣椒的优良品种。清末傅崇榘《成都通览》“成都之农家种植品”载，当时成都地区辣椒的优良品种有大红袍海椒、朝天子海椒、钮子海椒、灯笼海椒、牛角海椒等。四川什邡县有朱红辣椒、鲜红小海椒，江安县有熚椒，南江县有满天星辣椒，金堂县有高树辣椒，彭山县有长巾条辣椒，内江有七星椒，万县有树辣椒，乐至县有灯笼辣椒。其中，最著名的是成都牧马山的二荆条辣椒等。牧马山位于成都市西南双流区，为成都平原南部的一个丘陵，地势起伏，蜿蜒迂回。相传蜀汉时期，刘备建都成都，张飞曾骑马来到此山，见山清水秀，人少草丰，实为屯兵养马的难得之地，便将它作为蜀兵的牧马场，由此得名牧马山，一直沿用至今。牧马山盛产着道地的二荆条辣椒，椒角细长，个大皮薄，肉厚籽少，色泽红亮，质地鲜嫩，辣味醇正，辣中有香、辣而不燥，可谓红、亮、香、辣俱备。

随着辣椒在四川的普遍种植并且培育出许多优良品种，“好辛香”且善于兼容并包的四川人特别钟爱于它，将其广泛而多样地用于川菜烹饪之中，不仅用辣椒单独调味，使之很快取代古代常用的食茱萸而成为辣味调制的主力军和基础性调料，而且将辣椒与花椒有机结合、创造出麻辣兼备的味型和特色菜品，最终促使川菜发生了划时代的变化。清末徐心余《蜀游闻见录》记载：“惟川人食椒，须择其极辣者，且每饭每菜，非辣不可。”清朝光绪年间，曾懿在《中馈录》专门列有用辣椒来制辣豆瓣法、制豆豉法。最值得注意的是，在“制腐乳法”中指出用花椒、炒盐等调味外，“如喜食辣者，则拌盐时洒红辣椒末”，花椒与辣椒结合使用，必然产生麻辣风味。到清末的宣统年间及以后，花椒不但没有在辣椒入川的冲击下退出川菜调味的行列，而且与辣椒共同成为川菜调味的重要“双子星”，使川菜的麻辣风味十分突出。据统计，在宣统元年至二年（1909—1910年）编撰刊印的傅崇矩《成都通览》记载了众多清末成都菜肴，其中，带辣

四川人特别钟爱辣椒，并将其广泛而多样地用于川菜烹饪之中，使之很快取代古代常用的食茱萸而成为辣味调制的主力军和基础性调料。

字的大菜有麻辣海参、酸辣鱿鱼、辣子醋鱼等6种，带辣味的家常菜有回锅肉、辣子鸡等11种，约占所载家常菜的10%。而“麻辣海参”多次见于“成都之席桌菜品”“成都之南馆”“成都之食品类及菜谱”，说明它非常流行、在不同档次的餐馆中都受到欢迎。此外，麻婆豆腐也以其浓厚的麻辣风味闻名当时。冯家吉《锦城竹枝词》言：“麻婆陈氏尚传名，豆腐烘来味最精。万福桥边帘影动，合沽春酒醉先生。”

如今，辣椒作为辣味基础性调料，其使用方法多种多样，不仅用新鲜辣椒直接调味，也制作成泡辣椒、辣椒油、辣椒酱、干辣椒等再进行调味，呈现出不同的辣味，有清香辣、酸香辣、酯香辣、酱香辣、干香辣等。当绿色的新鲜辣椒刚出产时，人们便将它切成节、直接调味，也常放在火上略烤至表面起泡后剁碎、调味，使菜肴具有鲜香微辣之味。当辣椒变得红亮时，人们或将红辣椒放入泡菜坛中制成泡辣椒；或将红辣椒剁碎，加入菜油、盐等调味制成清香且红鲜的辣椒酱；也将红辣椒穿成串、晾晒加工，制成鲜红发亮、久不变色的干辣椒。而干辣椒的使用方法则更多，或切成段，或磨成粉末，再分别与花椒等其他调味巧妙结合，可调制出麻辣味型、酸辣味型、怪味味型、家常味型、煳辣味型、陈皮味型、红油味型等川菜常用味型。尽管这些味型都有辣味，但绝不雷同，如煳辣味型以咸、鲜、香、辣为特色，回味略甜；陈皮味型则是陈皮芳香、麻辣味厚，略有回甜；酸辣味型又是咸、辣、酸、鲜、香并重且协调；红油味型仅仅是微辣，整体风味是咸鲜辣香、回味略甜。此外，在近现代川菜烹饪中，辣椒尤其是二荆条辣椒有着无法替代的作用，不仅可以调制出各种辣味，还可以增色，保证菜点和食品的品质。著名的涪陵榨菜和郫县豆瓣都是以鲜活的二荆条辣椒为主要配料制成的，因为它辣味适度、鲜香不燥。许多川菜和小吃的调味更是离不开二荆条辣椒。

总之，由于四川拥有二荆条等上品辣椒作为物质基础，加之人们“好辛香”的调味传统和祛风除湿的需要，使得近现代四川人尤其是川菜厨师喜欢并善用辣椒作为辣味基础调料进行调味，并且达到变化精妙的程度。可以说，辣椒的广泛运用，包括花椒的融合运用，对川菜的“味型多变”和最终定型起到了关键性作用，促使川菜呈现出清鲜醇浓并重、善用麻辣的风味特色。

（三）豆瓣

豆瓣是辣椒的发酵制品，是四川人巧妙运用辣椒的一个典范。关于豆瓣酱的制作方法，清代曾懿在《中馈录》中记载：“以大蚕豆用水一泡即捞起，磨去壳，剥成瓣，用开水烫洗，捞起，用簸箕盛之。和面少许，只要薄而均匀，稍晾即放至暗室，用稻草或芦席覆之。俟六七日起黄霉后，则日晒夜露，俟七月底始入盐水缸内，晒至红辣椒熟时，用红椒切碎侵晨和下，再晒露二三日后，用坛收贮，再加甜酒少许，可以经年不坏。”如今，四川的许多农村制作豆瓣酱基本上仍然沿用这种方法。在清代四川创制的许多豆瓣酱中，流传至今的著名品种是郫县豆瓣和临江寺豆瓣。

1. 郫县豆瓣

郫县豆瓣，是以蚕豆、辣椒和井盐等为主料酿制而成，因产自郫县（现为郫都区）而得名。其制作技艺讲究选料严格、工艺精细。它的主要原料有三种，看似普通却品质上乘：一是自贡井盐，“真香美味离不得盐”，自贡生产的井盐咸而有度，清爽不腻，且经济适用；二是二荆条辣椒，色泽红亮，椒角细长，肉厚

郫县豆瓣，是以蚕豆、辣椒和井盐等为主料酿制而成，因产自四川郫县而得名。

味浓，辣而回甜。三是郫都区“二流板”青皮白蚕豆，色泽黄白、成形好、细嫩化渣。郫县豆瓣在制作过程中，其操作规程十分严格细致，质量管理十分严密，常年坚持“晴天晒，雨天盖，白天翻，夜晚露”的“十二字真诀”。勤翻勤查，直至豆瓣酿制成熟。郫县豆瓣成品不加任何香料而酱香醇厚，不着任何色剂而色泽红润，具有瓣子酥脆、醇香浓郁、红褐油润、辣而不燥、回味悠长等特点。

郫县豆瓣创始于清朝中期。据陈述宇、陈述启、张悦民等的《郫县豆瓣今昔》和郫县地方志编纂委员会的《郫县志》载，清朝康熙年间，随着“湖广填四川”的移民浪潮，福建人陈逸仙移民入川，在郫县城南门外一公里处落户，制作酱油、麸醋等，挑担进城走街串巷贩卖。嘉庆九年（1804年），陈氏后人在郫县城内西街开设前店后坊的“顺天”号酱园，现制现卖包括盐渍辣椒在内的季节性盐渍佐餐品，“盐渍辣椒就是郫县豆瓣的雏形”。到咸丰年间，“由陈家后人陈守信将现文调巷陈家祠堂与南大街打通，设立‘益丰和’号酱园”。他潜心研究数年，在不易保存的盐渍辣椒中加入适当比例的发酵胡豆瓣子，经过日晒夜露创制出辣豆瓣酱。陈守信苦心经营“益丰和”号，将豆瓣酱的生产规模不断扩大。光绪年间，陈守信去世，益丰和酱园由他的第六个儿子陈竹安经营，豆瓣酱产量上升到三四万斤（1斤=1kg）。清朝光绪三十一年（1905年），彭县人弓鹿宾在“陕西帮”的支持下，到郫县城东街开设了“元丰源”号酱园，改变了“益丰和”独家经营的局面。1931年，陈竹安之侄陈文换在城南外街李家花园开设“绍丰和”号酱园，主要酿制“郫筒酒”，并兼营制作郫县豆瓣。由此，郫县豆瓣便形成益丰和、元丰源、绍丰和三足鼎立格局。民国初年，郫县豆瓣开始走出四川，销量逐步扩大，大多经成都销往重庆、湖北、贵州、陕西等地。1915年（民国4年），四川军政府派员去西藏犒赏川军，在益丰和与元丰源各订购豆瓣三四万斤，因其产品色味俱佳而深受官兵欢迎。进入20世纪40年代，由于管理不善、社会动荡等原因，郫县豆瓣的生产受到极大影响。

中华人民共和国成立后，郫县豆瓣的生产逐步恢复并进入快速发展时期，产生了质的飞跃。1955年，“益丰和”“绍丰和”“元丰源”三家酱园公私合营成立四川省地方合营郫县酱园，后更名为国营郫县豆瓣厂。此后，郫县豆瓣的传统生产工艺逐步向现代生产工艺发展，产量不断上升，郫县豆瓣也随之销往全国各地，并随着川菜的发展走向海外。2008年，“郫县豆瓣传统制作技艺”被列入国家级非物质文化遗产代表性项目保护名录。除了传统制作技艺的传承外，郫县豆瓣的规模化、产业化、品牌化不断发展。随着郫县豆瓣的生产设备和制作工艺不断升级，以及鑫鸿望、京韩四季、高福记、丹丹等一批新兴郫县豆瓣企业的加入，郫县豆瓣逐渐形成了特色产业集群，产品结构不断调整和完善，从较为单一的烹调型豆瓣生产创新发展出多用途、多系列的产品，包括调味系列、即食系列、佐餐系列、火锅底料等新产品，出口数十个国家和地区。

郫县豆瓣是川菜最常使用的辣味基础性调味料，广泛运用于以炒、烧、煮等方法制作的菜肴之中，更是调制家常味型、麻辣味型菜肴不可缺少的调味料。其中，家常味型是近现代川菜常用味型之一，主要以郫县豆瓣、川盐、酱油等调味料调制而成，又常常根据不同菜肴的风味要求，酌量加入元红豆瓣或红辣椒、料酒、豆豉等。其主要特点是咸鲜微辣，又因菜式所需而呈现回味略甜或回味略带醋香的特点。川菜著名的回锅肉就是典型的家常味型菜肴。此外，川菜著名品种家常海参、家常豆腐、盐煎肉、豆瓣肘子等家常味型的菜肴，都需要郫县豆瓣为之调味增色。麻辣味型也是近现代川菜常用味型之一，主要由辣椒、花椒、川盐、味精、料酒等调味料调制而成，其辣椒的运用因菜而异，有时必须加入郫县豆瓣。川菜著名品种麻婆豆腐、水煮牛肉、毛血旺、毛肚火锅等麻辣味菜肴，也离不开郫县豆瓣。

2. 临江寺豆瓣

临江寺豆瓣，也是以蚕豆、辣椒和井盐等为主料酿制而成，因产自资阳临江寺旁而得名，相传始创于清朝乾隆三年（1738年）。临江寺豆瓣选料严格、制作工艺精细。它选用当地的良种蚕豆、辣椒等为主料，以食盐、花椒、胡椒、白糖、金钩、火肘、鸡松、鱼松、香油、红曲及多种香料等为辅料酿造而成。在制作过程中，经过蚕豆脱壳、浸泡、接种、制曲、洒盐水等多道工序，再入池发酵近一年，最后与各种辅料按比例进行配制，制作成豆瓣酱。其成品色泽红润，瓣粒成型而柔和化渣，味道微辣回甜、油而不腻，辣而不辛、咸而不涩，酱香浓郁，回味悠长，营养丰富。临江寺豆瓣是成渝古道上的著名地方特产和中国地理标志产品，发展至今，临江寺豆瓣制作技艺被列入省级非物质文化遗产代表性项

临江寺豆瓣

目保护名录，产品畅销20多个省、市、区，远销美国、日本、加拿大等国家和中国香港地区。

临江寺豆瓣拥有红油豆瓣、香油豆瓣、金钩豆瓣、火肘豆瓣、鱼松豆瓣等50余个品种，主要分为两大类：第一，佐餐型产品，如金钩豆瓣、火肘豆瓣等，即在进餐过程中直接食用。第二，烹调型产品，如红油豆瓣等，它们也是川菜常用的辣味基础性调味料，其运用范围及方法与郫县豆瓣相似，广泛用于炒菜、烧菜、水煮系列菜肴以及火锅的调味，也可以调制家常味型、麻辣味型等川菜常见的相关味型。

（四）胡椒

胡椒，又称昧履支、披垒、坡洼热等，是胡椒科胡椒属木质攀援藤本植物，茎、枝无毛，节显著膨大，常生小根。浆果球形，无柄，直径3～4毫米，成熟时红色，未成熟时干后变黑色。有白胡椒、黑胡椒等类别，其种子含有挥发油、胡椒碱、粗脂肪、粗蛋白等。

胡椒，原产于东南亚、南亚等热带地区。相传汉代张骞出使西域后，胡椒沿西北丝绸之路从印度传入中国。到明朝中期，胡椒开始引种，种植范围逐渐扩大，成为后世常见的植物之一。《后汉书·西域传》“天竺国”中载有胡椒，这是最早关于胡椒的记载。隋唐至宋元时期，胡椒逐渐成为海上丝绸之路贸易的重要商品之一。隋唐时，胡椒主要来自印度、波斯等，输入量不大，属于奢侈品。《隋书·西域传》记载当时波斯的朝贡品中就有胡椒。《新唐书·元载传》载：元载因贪赃枉法被抄家，其奢侈敛财的赃物之一就是藏有的八百石胡椒。宋元时，胡椒输入量因官方朝贡贸易和民间商人贸易而大增，来源地也有所增加。《宋会要辑稿》载，天禧元年（1017年）正月，三佛齐国“来贡胡椒一万七百五十斤”；绍兴二十六年（1156年）十二月，三佛齐国进奉“胡椒一万七百五十斤”。《方舆胜览·泉州》（卷十二）载，当时泉州出现了“蕃人巷”，每年大船往返贸易，胡椒是其中之一。到明清时期，胡椒不仅由海上丝绸之路通过贸易大量进入中国，也逐渐在中国大量种植，使得胡椒在明朝后期至清朝成为遍及中国的常见调味料。明代永乐至宣德年间，郑和率领庞大船队七次下西洋，到达许多出产胡椒的国家和地区，带回了大量胡椒，许多国家也因此用大量胡椒前来进行朝贡贸易，使胡椒来源地、胡椒贸易不断增加和扩大。清朝顾炎武《天下郡国利病书》言，当时“西洋交易，多用广货回易胡椒等物，其贵细者往往满舶”。据李日强在《胡椒贸易与明代日常生活》一文统计，15～16世纪时中国仅在东南亚收购的胡椒每年就达5万包，或者125万公斤。此外，胡椒在明代万历年间已在中国种植。万历时人谢肇淛所撰《滇略》载：木邦宣慰司（今与云南接壤的缅东北地区一带），“其地产胡椒”。李时珍《本草纲目》载：“胡椒，今南番诸国及交趾、滇南、海南诸地皆有之”，并且“今遍中国食品，为日用之物也”。明代姚可成汇辑《食物本草》时在卷十六《味部·调饪类》也做了收录。到清朝宣统年间，傅崇矩《成都通览》所列“成都之杂货铺品”中胡椒与花椒、辣椒并列为“居家日用必需之物”。

胡椒进入中国后，人们逐渐认识到它的药用与食用价值并加以利用，至迟在唐代已运用于川菜烹调之中。晋代张华《博物志》记载了胡椒酒及其制法，是用春酒、干姜、胡椒末和石榴汁酿制而成，“可冷饮，亦可热饮之，温中下气”。北魏贾思勰《齐民要术》载有用胡椒等制作“胡炮肉”的方法，即将肥白羊肉切细丝，加豆豉、盐、葱白、姜、荜拨、胡椒等调味后放入羊肚内缝合，入火坑中，“还以灰火复之。于上更燃火，炊一石米顷，便熟。香美异

胡椒，原产于东南亚、南亚等热带地区。相传汉代张骞出使西域后，胡椒沿西北丝绸之路从印度传入中国。（《本草纲目》，1644年）

常，非煮炙之例”。到唐代时，胡椒已在四川菜肴的烹饪中有所运用。唐代段成式《酉阳杂俎》“胡椒”条载，胡椒，“子形似汉椒，至辛辣，六月采，今人作胡盘肉食皆用之”。宋元时期，胡椒在川菜的运用主要有两个方面：第一，胡椒直接用于烹调，制成菜肴。宋代托东坡之名的《格物粗谈》载：“胡椒煮臭肉，则不臭”；“胡椒入盐，并葱叶同研，辣而易细”。胡椒富含胡椒碱、胡椒脂碱、水芹烯、丁香烯、树脂及吡啶等化学成分，用来烹饪猪肉能去其膻味、增加香美味。元代无名氏《居家必用事类全集·饮食类》记载了一种当时流行于四川的川炒鸡，也用胡椒等调味料制成，其制法是：将鸡剁块，加香油炒后再入葱丝、盐炒七分熟，“用酱一匙，同研烂胡椒、川椒、茴香，入水一大碗，下锅煮熟为度，加好酒些小为妙”。第二，胡椒与其他香料先制成复合调味料，需要时再使用。元代无名氏《居家必用事类全集·饮食类》明确记载了“造成都府豉汁法”，言：“好豉三斗，用清麻油三升熬，令烟断香熟为度，又取一升熟油，拌豉，上甑熟蒸，摊冷，晒干。再用一升熟油拌豉，再蒸，摊冷，晒干。更依此，一升熟油拌豉，透蒸，曝干。方取一斗白盐，匀和，捣令碎，以釜汤淋，取三四斗汁，净釜中煎之。川椒末、胡椒末、干姜末、桔皮（各一两）、葱白（五斤），右件并捣细，和煎之，三分减一，取不津，磁器中贮之。须用清香油。不得湿物近之。香美绝胜。”。这种“成都府豉汁”是以豆豉与清麻油、花椒末、胡椒末、干姜末、桔皮、葱白等制成后贮存，在菜品烹制时使用。

到明清时期，胡椒在川菜烹饪中的运用逐渐增多，产生了许多直接用胡椒调味的菜点品种，包括菜肴、面点小吃和粥品。明代刘基《多能鄙事》记载了“川炒鸡”及其制法，说明以胡椒等调味料烹制的川炒鸡受到人们喜爱，从元代流传到明代。清朝乾隆年间李化楠《醒园录》记载了蒸萝卜糕的制法：“每饭米八升，加糯米二升，水洗净，泡隔宿。舂粉筛细，配萝卜三四斤，刮去粗皮，擦成丝。用猪板油一斤，切成丝或作丁，先下锅略炒，次下萝卜丝同炒，再加胡椒面、葱花、盐各少许同炒。萝卜丝半熟，捞起候冷，拌入米粉内，加水调极匀，入笼内蒸之，筷子插入不粘，即熟矣。”它是将饭米、糯米浸泡后舂成细米粉，再将萝卜丝、猪板油与胡椒粉、葱花、盐等同炒后加入米粉内拌匀，入笼蒸熟。清朝同治年间无名氏《筵款丰馐依样调鼎新录》也载有两款胡椒调味的菜肴：一是羊血糊，“炒灰面、胡椒、葱、姜、蒜末，清汤糊”。（灰面，四川方言，即面粉）。二是酸菜麻辣汤，“酸菜、肉丝、胡椒”。此菜是酸菜肉丝汤，其制法流传至今。清朝光绪年间，黄云鹄任职四川时撰写的《粥谱》记载了“胡椒粥”：“温中，止痛。研末。少用。”

如今，胡椒更加广泛地运用于川菜的烹饪之中，或整粒或磨成粉，并且直接用来烹调菜点、调制常见复合味型。胡椒因其特殊化学成分能够去腥除膻、提鲜增香，香中带辣，其辣味轻微，不似辣椒浓烈，特别有利于调制汤品和烹调腥膻味重的畜禽、水产等食材等。川菜名品开水白菜、鸡豆花、竹荪肝膏汤、清汤抄手等，都是用辛香的胡椒与食盐等来调味，以胡椒去异增香，突出特有的清鲜香美；而冷锅鱼、泡椒牛蛙、香辣沸腾鱼、川椒牛仔骨等川菜名品，则是胡椒与花椒、辣椒等麻辣调料组合使用，突出浓郁的麻辣辛香，味感极厚。此外，据《川菜烹饪事典》和国内贸易行业标准《川菜烹饪工艺规范》整理分析，在川菜24种常见复合味型中，以胡椒参与调制的复合味型有8种，包括酸辣味型、荔枝味型、咸甜味型、咸鲜味型、酱香味型、香糟味型、五香味型、麻辣味型，但是，胡椒在其中的使用量较少，大多起提鲜增香等作用，仅在酸辣味型中用量较大，突出胡椒的辣味作用。

二、辛香类基本调味料

在川菜烹调中，常用且颇具特色的辛香类基本调味料主要有姜、葱、蒜，即川菜业界常说的“三香”，还有芫荽、藿香、芝麻和桂皮、八角、山柰等多种多样的香料。

（一）姜

姜，指姜属植物的块根茎，根据不同形状、类别而有多种名称。初生嫩者其尖微紫，称为紫姜、仔姜；宿根，则称为母姜。新鲜者称为生姜，干燥者为干姜；经过加工炮制者为黑姜（炮姜）。姜，性喜温暖，不耐寒冷，适应性较强，已广泛栽培于全世界各热带、亚热带地区。从姜的分布和生物学特性来看，学术界大多认为姜原产于亚洲较温暖的山区，尤其是中国和印度。

姜在中国栽培的历史悠久，并与人们日常生活紧密联系。周代时，中国已开始对姜进行人工栽培，春秋时期的人们已知食姜有益。《礼记》中就有“楂、梨、姜、桂”的说法，孔子更是主张“不撤姜食”。《左传》庄公二十四年有“女贽，不过榛、栗、枣、脩，以告虔也”的记载。贽，是古时初次拜见尊长时所送的礼物；脩，则是一种加了姜、桂制成的肉干。可见，当时姜不仅作调味料使用，还作为馈赠佳品。从考古遗存看，湖北江陵战国墓葬中出土了完整的姜块，湖南长沙马王堆汉墓中也发现了姜，这些表明姜在当时人们生活中的重要地位。汉代以后，姜成为重要的经济作物，而且以南方地区栽培较多。到明代后期至清代，北方地区也开始普遍种姜。

四川在古代便是姜的著名产地。《吕氏春秋》载“和之美者，阳朴之姜”。东汉高诱注言，阳朴在“蜀郡”。据邓少琴《巴蜀史稿》认为，阳朴应该是濮阳，即北碚地区，古为濮人聚居之地。阳朴之姜即今北碚兴隆场所称之窝姜（即犍为竹节姜之类），以芽紫肥嫩著称。汉晋时期，姜不仅在四川各地种植，而且成为重要的调味料。《史记·货殖列传》言：“巴蜀亦沃野，地饶卮、姜、丹沙、石、铜、铁、竹、木之器。”此外，汉代王褒《僮约》和扬雄《蜀都赋》，晋代左思《蜀都赋》和常璩《华阳国志》中均有关于姜的记录。如《华阳国志》

言，犍为郡僰道县“有荔枝、姜、蒟”，犍为郡僰道县，即今宜宾。可见，姜在汉晋时期已经在四川较为普遍种植。此外，《后汉书·方术列传·左慈》记载道，曹操一日宴饮聚会，左慈钓来松江鲈鱼，曹操以无蜀姜来烹调为憾，左慈又为其取蜀姜来烹调，以弥补其遗憾。唐宋时期及其后，姜的种植已遍及四川盆地，逐渐成为最为重要的经济作物之一。宋代苏颂《图经本草》载盆地西部的汉州产姜为良；《太平寰宇记》说盆地北部的剑州产姜；《舆地纪胜》则记载夔州路高都山中，“地黄壤而腴，其民以种姜为业，衣食取给焉”。如今，四川是姜的最为重要产区之一，品质优异，根块肥大，芳香和辛辣味浓。四川的姜品种众多，根据《四川蔬菜品种志》介绍，主要有绵阳生姜、乐山生姜、蓬安生姜、白姜、黄姜、竹根姜、坨姜等品种，成都、乐山、绵阳、南充、内江、泸州等地种植较为集中。

姜，在川菜烹饪中扮演着重要的角色，通常使用的有仔姜、生姜、干姜三种。仔姜，为时令鲜蔬，季节性强，可作辅料或者腌渍成泡姜。仔姜肉丝、仔姜爆仔鸭、泡仔姜等菜品就是用仔姜或者泡姜制作的。生姜，则常常加工成丝、片、末、汁来使用，炒、煮、炖、蒸、拌均可，是川菜重要的辛香类基础性调味料。与仔姜、干姜相比，生姜的使用范围最为广泛，姜汁热窝鸡、姜汁肘子、姜汁豇豆、姜汁鸭掌等菜肴的调味料均有生姜。此外，生姜也用于烹鱼或制作鱼香、家常等味型的菜肴，以突出其独特的风味。干姜，在川菜中常用于制汤，以质地坚实、少筋脉者为佳。

（二）葱

葱，又称“芤”“和事草”“菜伯”等，是百合科葱属多年生宿根草本植物，主要以叶鞘组成的假茎和嫩叶供食，在中国有3000多年的栽培和食用历史，主要有大葱、细香葱、韭葱、胡葱等品类，后三者又常俗称为小葱。《山海经》记载道：“又北百一十里，曰边春之山，多葱、葵、韭、桃、李。”《尔雅》言：“茖，山葱。”《礼记》则记录了葱的使用方法：“脍，春用葱，秋用芥。豚，春用韭，秋用蓼。脂用葱，膏用薤。”可见，周代时葱已用于烹调。到汉代至魏晋南北朝时期时，葱的种植被大力推广，葱的栽培技术也已较为成熟。

《汉书·龚遂传》载："劝民务农桑，令口种一树榆、百本䪥、五十本葱、一畦韭。"可见在公元前70年前后，就有地方官员提出了每个农民要完成种植五十株葱的指标。汉代崔寔《四民月令》写到二月栽小葱，六月栽大葱，七月可种大小葱。夏葱即为小葱，冬葱为大葱。北魏贾思勰著《齐民要术》有"种葱篇"，对留种、栽培、管理、越冬更有详细论述。

在四川，葱的栽培历史也很悠久。汉代王褒《僮约》中就写到了"种瓜作瓠，别茄披葱"。此后，葱在四川人的生产与生活中都有十分重要的地位。清代四川人张宗法《三农纪》专门介绍了葱的种植、功效等内容。傅崇矩《成都通览》"成都之四时菜蔬"中也列举了葱。长期以来，葱在四川分布很广，但较为零散。除了各类蔬菜基地栽培量较大以外，偏僻山区的农户和城镇居民都喜欢在田边宅旁零星种植。四川葱的主要种类有大葱（又称散葱、角葱）、分葱（又称四季葱）、火葱（又称胡葱、冬葱）、细香葱等，著名品种有西昌小香葱、红壳火葱。

葱具有辛香味，不仅有去异增香的作用，还能开胃消食、杀菌解毒，是川菜重要的辛香类基础性调味料，在川菜中运用广泛。其中，小葱香气浓郁，辛辣味较轻，通常切成葱花，用于凉拌菜、汤菜、味碟的调味，如麻辣鸡块、鲫鱼汤、豆花蘸碟等；也可切成葱末，用于怪味、椒麻味汁的调味等。大葱，则主要用葱白加工成多种形态后作为辅料和调味料来调味。如开花葱，是切成两端呈翻花样的葱节，主要用于软炸、酥炸、烧烤等类菜肴所配的葱酱味碟。寸节葱，又称"寸葱""葱节"，是指切成的3～3.5cm长的葱段，用于炒、爆、炝、凉拌等烹调方法制作的菜肴。长葱段，又称"马蹄葱"，是指切成的6.5～8cm长的葱段，用于葱烧、干烧等烹饪方法制作的菜肴。马耳葱，又称"马耳朵葱"，指切成呈菱形的葱段，因形如马的耳朵而得名，用于炒、爆、熘等烹饪方法制作的菜肴。此外，还有磉礅葱（又称"葱弹子""弹子葱"）、葱丝、鱼眼葱（又称"颗子葱""葱颗"）等，分别用于炒、爆、熘等烹饪方法所制作的主料为丁形的菜肴和凉拌、炸熘等烹饪方法制作的菜肴以及鱼香味和糖醋味芡汁。

（三）蒜

蒜，是百合科葱属一年或两年生草本植物的地下鳞茎，在中国有着悠久的栽培和食用历史，是中国民众日常饮食生活中重要的蔬菜和调味料之一。蒜，主要有大蒜和小蒜两类。小蒜，原产于中国，古人统称为“蒜”，别名“莴”，又名卵蒜、山蒜、泽蒜、石蒜、宅蒜。《尔雅·释草》言：“莴，山蒜。”注云：“今山中多有此菜，皆如人家所种者。”《大戴礼记·夏小正》载：“（十二月）纳卵蒜。卵蒜也者，本如卵者也。”因其瓣多，所以称其为卵蒜。山蒜、泽蒜、石蒜、宅蒜等称呼则是因其栽培环境而得名。到汉代时，因张骞出使西域、带回原产于亚洲西部的蒜种，则将中国原有之蒜称为“小蒜”、称域外传入之蒜为“大蒜”，以便加以区别。晋代张华《博物志》：“张骞使西域，得‘大蒜’‘胡荽’。”宋代李昉等编撰的《太平御览》卷九百七十七也有类似记载：“张骞使还，始得大蒜、苜蓿。”宋代罗愿《尔雅翼》写道：“今蒜有大蒜 、小蒜。” 王赛时《中国古代对大蒜的引进与利用》一文指出，在汉代时，大蒜的种植逐渐扩大，尤其到东汉时期，大蒜的传播已遍及全国，东南、西北均可寻其踪迹。四川也在此时种植大蒜。王褒《僮约》中就有“园中拔蒜”这项农活。根据学者研究，此处的蒜指的就是大蒜。汉代以后，人们对大蒜的认识更为充分，史家记载也越来越多。北魏贾思勰《齐民要术》中就对大蒜的种植作了详尽的叙述，这也是古代农书中对大蒜最早的翔实阐发。唐宋至明清时期以后，大江南北几乎无处不种大蒜，大蒜已成为人们的日常食材，元代王祯《农书》、明代徐光启《农政全书》等历代农书都对其进行了记述和介绍，此时的四川地方志中也大多在“物产”部分中记载了大蒜。

大蒜传入中国后，很快成为人们日常生活中的重要调味料，与盐、豉齐名。到魏晋南北朝时，普通百姓已常用大蒜调味，还制作出复合调味料。据李昉等《太平御览》引《晋四王起事》一文载：“成都王颖奉惠帝还洛阳，道中于客舍作食，宫人持斗余粳米饭以供至尊，大蒜、盐豉。到获嘉，市粗米饭，瓦盂盛之。天子啖两盂，燥蒜数枚，盐豉而已。”此事发生在公元304年司马颖（曾被封为“成都王”）等挟惠帝奔洛阳途中，说明当时大蒜已作为普通人家的调味料使用。北魏贾思勰《齐民要术》记载了一种“八和齑”的复合调味料制法：“蒜一，姜二，橘三，白梅四，熟栗黄五，粳米饭六，盐七，酢八”“先捣白梅、姜、橘皮为末，贮出之。次捣栗、饭使熟，以渐下生蒜”“春令熟。次下涌蒜。齑熟，下盐，复舂令沫起，然后下白梅、姜、橘末；复舂，令相得。下醋解之”“右件法，止为脍齑耳。余即薄作，不求浓”。这个“八和齑”是将白梅、姜、橘皮、熟粟黄、粳米饭与大蒜捣烂后加上盐、醋拌匀调制而成，主要用于鱼脍的调味，也用于烹调其他菜肴。唐宋时期，大蒜用于菜肴的烹调更多。宋代浦江吴氏《吴氏中馈录》中就列举了蒜瓜、蒜苗干、做蒜苗方、蒜冬瓜等用蒜及蒜苗制作的菜肴。其中，“蒜瓜”条载：“秋间小黄瓜一斤，石灰、白矾汤焯过，控干。盐半两，腌一宿。又盐半两，剥大蒜瓣三两，捣为泥，与瓜拌匀，倾入腌下水中，熬好酒、醋浸着，凉处顿放。冬瓜、茄子法。”。此时，四川人不仅在烹调加热中使用大蒜调味，还喜欢生食大蒜。范成大在《范石湖集》卷十六的诗题中有云：“巴蜀人好食生蒜……今来蜀道，又为食蒜者所熏。”明清时期，大蒜在四川饮食生活中更多扮演的是调味料角色，直接生食的很少，如《成都通览》“成都之五味用品”中就列举了“蒜泥”。

如今，大蒜在四川的分布很广，著名品种也较多，有云顶早、二水早、硬叶子（温江大蒜）、峨眉蒜、桐子蒜、背儿蒜等。大蒜在川菜中的使用十分广泛，有去腥、解腻、增香的作用，所含的蒜素还有很强的杀菌作用，能够预防疾病，并且与姜、葱一起成为川菜重要的辛香类基础性调味料。它一方面单独使用，即用去皮后的瓣蒜和独蒜来烧制鱼鲜类菜肴，如大蒜鲶鱼、大蒜烧鳝段、大蒜烧肥肠等，或将去皮的生大蒜制成蒜泥，用来调制蒜泥味等，制作蒜泥白肉、蒜泥黄瓜，还可作为火锅蘸料使用；另一方面则与姜、葱合用，制成姜蒜米、姜蒜丝，用于炒、煸、烧、炸、熘等烹饪方法烹制的丝、块、整形菜肴以及鱼香味、糖醋味等类菜肴。

（四）芫荽

芫荽，又名香菜、胡荽、香荽等，是伞形花科芫荽属一年生草本植物，主要以叶及嫩茎供食用。芫荽原产于地中海沿岸及中亚地区，汉代张骞出使西域时带回，因其来自胡地，早期被称为“胡荽”。汉代许慎《说文解字》载有“葰”，即“芫荽”。“胡荽”的称谓见于晋代张华《博物志》：“张骞使西域，得‘大蒜’‘胡荽’。”此后，它的称谓逐渐增多，一些地方因为“胡荽”带有浓郁的辛香气味而称“香荽”“香菜”；一些地方以其植株柔细、茎叶自然散布有致而称“蒝荽”。到元代，它开始称为“葫荽”“芫荽”。王祯《农书》就有“葫荽”的记载，忽思慧《饮膳正要》已把“芫荽”作为正式名称列入菜品之中。明清时期，大部分史料仍用“葫荽”，很少称“芫荽”。直到清末民初，徐珂《清稗类钞》植物类中有“蒝荽”条，言：“本名胡荽，蔬类植物，叶裂有锯齿，粤人及北人每于嫩时摘以调食。甚香美，初夏开细花，五瓣，色白，实亦辛香，可为香料，俗作芫荽。”可见当时虽然书面上仍用蒝荽，但是在民间大众中则称为芫荽，并且作为蔬菜和调味料使用。

在四川，芫荽的种植与食用历史较为悠久，但何时传入四川仍有待考证。到明清时期，四川地方志的“物产”中已经有芫荽的大量记载，如嘉靖《洪雅县志》、同治《成都县志》、嘉庆《郫县志》、光绪《金堂县乡土志》、嘉庆《中江县志》等，尤其是嘉庆《郫县志》中就写到“肉食者喜”芫荽。在清末傅崇矩《成都通览》“成都之四时菜蔬”中列有芫荽。可见，明清时期芫荽在四川已得到比较广泛的种植与食用。

如今，芫荽在四川各地均有零星栽培，生长期短，适应性强，抗病力强，全年均可播种，其常见品种有长梗香菜、叉叉叶香菜。芫荽内含挥发油和苹果酸钾等，有一种特殊香味，有除异增香、提高鲜味的作用，在川菜烹饪中常作为辛香类调味料，用于鱼类、牛羊肉类菜肴和火锅的调味，如红烧鲶鱼、粉蒸牛肉、火锅蘸碟、冒菜等都有芫荽的身影。

（五）藿香

藿香，又名合香、苍告、山茴香等，是唇形科藿香属多年生草本植物，栽培历史悠久，广泛分布于我国各地，因产地不同而有不同名称。产于江苏苏州者称为苏藿香，产于浙江者称杜藿香，产于四川者称川藿香。因其大多野生于山坡、路旁，又统称为野藿香或土藿香。除此之外，还有同科的另一种广藿香，也称南藿香，原产于菲律宾等东南亚各国，汉代时传入我国，宋代开始在两广地区栽培。历代典籍中所记载的“藿香”多为“广藿香”，所以二者容易产生混淆。藿香可以当作蔬菜或调味料食用，被民众所熟知，而广藿香仅供药用，或者用来烹制各种食疗药膳，不能将它单纯地当作蔬菜或调味料使用。因此，这里仅阐述可烹饪食用的藿香。

藿香全株具有特殊的芳香气味，主要成分有甲基胡椒酚等，还能解暑、化湿、和胃、止呕。藿香作为一种食药兼具的野蔬，在四川民间饮食生活中起到了重要作用，也有悠久的培植和食用历史。明清时期，四川的许多方志中“物产”部分里常列有藿香。清代傅崇矩《成都通览》“成都之五味用品”中也列有“藿香”；该书“外来农业陈列出产品”部分记载道，新津县产“藿香子（籽）”，蓬溪县产“藿香”。可见，当时藿香在四川许多地区均有出产，并且用于菜品的调味。

时至今日，藿香已成为川菜烹饪中重要而独特的辛香类基本调味料，起到去腥除膻、提味增香的作用。如不仅将藿香用于渍胡豆之中，制成藿香胡豆，而且更多地用在鱼类菜肴的调味上，著名品种有藿香鱼、藿香鳝鱼、藿香泥鳅等，因其特殊香味和一定的营养保健之功，令人口舌生津，回味无穷。

（六）芝麻

芝麻，又名胡麻、脂麻、方茎、巨胜、油麻等，是胡麻科胡麻属一年生直立草本植物，原产于非洲和印度。相传汉代张骞出使西域时将芝麻传入中国，由此称芝麻为“胡麻”。中国最早记有芝麻栽培的农书是西汉的《氾胜之书》，书中就称之为“胡麻”。此后，中国历代农书、医书以及其他史料对芝麻的种植分布、植株形态特征与特性和品种类型的划分等均有较为详细的记述。从中国芝麻的分布来看，最早栽培于黄河流域，以后逐渐向南北引种，直至遍布全国。据《氾胜之书》和《齐民要术》记载，在黄河流域一带，芝麻已有大田栽培。到宋代及以后，芝麻已在中国各地广为种植。宋代苏颂《图经本草》记载：“胡麻，臣胜也。生上党川泽……生中原川谷，今并处处有之。”《明史》卷一百五十《郁新传》载：郁新言，“湖广屯田所产不一……豆、麦、芝麻与米等。”此外，在《西藏记》《听园西疆杂述诗》《广东实业调查概略》等许多文献中都记载了芝麻在当地的种植，也说明明清时期，南至湖广、西至西藏和新疆等地都有芝麻的栽培。

在四川，芝麻的种植和食用历史也很悠久。魏晋时期，四川已有用芝麻为食材制作的胡饼。据《晋书》（卷八十二）《王长文传》记载，太康年间成都已能做“胡饼”。徐坚《初学记》解释道，胡饼为“胡麻饼”。到唐宋及明清时期，芝麻的种植和食用遍及四川各地。唐代白居易《寄胡饼与杨万州》诗言：“胡麻饼样学京都，面脆油香新出炉。”元和十四年，白居易离开江州赴四川忠州任刺史，他与四川万州刺史杨归厚常以诗赠答。此诗讲的是白居易在忠州模仿京城长安的样式制作了胡麻饼并送给杨归厚，这胡麻饼面脆油香、新出炉，味道佳美。由此可见，此时胡饼已流传至四川忠州、万州等地。明代《夔州府志》将芝麻列入10种谷物之一。清代的一些地方文献中还将芝麻列为“小秋”作物。

芝麻的品种较多，因种子颜色有黄、白、黑、紫、褐之分，最主要的有黑芝麻、白芝麻两种，种子含油率高达53%，尤其是黄白色芝麻含油量都在45%～60%，高于一般油料作物。芝麻，不仅是优良的大宗油料作物，也是制作芝麻酱的主要原料，较多地用于川菜烹饪的调味。芝麻作为香味调味料，不仅直接用于川菜品种制作之中，如芝麻肉丝、芝麻豆腐干等菜肴和芝麻饼、芝麻汤圆以及各种酥点，而且常制作成芝麻酱后再与其他调味料组合使用，如调制出风味独特的麻酱味型，代表性菜品如麻酱鱼肚、麻酱响皮、麻酱凤尾等。此外，也常将芝麻加工成芝麻油，用于菜点的调味，主要起到增香的作用，如鲜熘鸡丝、盐水鸭脯等。

（七）茴香与八角

茴香，又称蘹香、中国茴香、小茴香、谷茴、小茴、小香；八角，又称舶茴香、八角茴香、大茴香、大料等。两者常与山柰、丁香、草果、桂皮等众多香辛料组合成复合香辛料，在川菜及中国其他地方菜中烹调使用，并称为小茴、大茴，由此极易让人混淆不清。其实，茴香与八角所属植物的科、属不同，形状和香味各异，但都属于香料类，并且常常组合使用，是五香粉和用烧、焖、卤等烹饪法烹调菜肴时不可缺少的香味调料。

茴香，是伞形科植物茴香的果实，原产于地中海地区，早在南北朝以前就已传入中国，在我国各地都有普遍栽培，具有浓郁的芳香，煮后并析出少许辣味，对动物性食材的腥、臊、膻等异味具有较好的辟除作用。南朝陶弘景《神农本草经》言："煮臭肉，不少许，无臭气，臭酱入末亦香，故曰茴香。"明代李时珍《本草纲目》卷二十六菜部"蘹香"引宋代苏颂《图经本草》言："蘹香，北人呼为茴香，声相近也""今交广诸番及近郡皆有之。三月生叶，似老胡荽，极疏细，作丛，至五月茎粗，高三四尺。七月生花，头如伞盖，黄色，结实如麦而小，青色，北人呼为土茴香。八九月采实阴干"，并且指出"川人多煮食其茎叶"。李时珍在该卷"蘹香"之下还记载"舶茴香"言："自番舶来者，实大如柏实，裂成八瓣，一瓣一核，大如豆，黄褐色，有仁，味更甜，俗呼舶茴香，又曰八角茴香。广西左右峒中亦有之。形色与中国茴香迥别，但气味同尔。"舶茴香，即八角茴香、八角，是木兰科植物八角茴香的果实，分布于东南亚和北美洲，在中国栽培地区主要分布于广西、广东、云南、四川、贵州、福建、台湾等。其形状如五角星，具有浓烈的芳香味，按照采收季节分为秋八角、春八角两种，质量以色紫红、个大、油多、香浓者为佳，具有祛风除寒、温中理气、健胃止呕等作用。八角的原产地不是中国，它是从海上丝绸之路传入，但传入时间则至今尚无定论，最早见于宋代董汲的《脚气治法总要》，称之为"舶上茴香"。李时珍将茴香与八角置于"蘹香"条目下一并记载其名称由来、形状及味道等，可以让人们更清楚地了解二者的异同。

茴香与八角自从传入中国，就不断得到种植和使用，在宋元时期不仅是药用，而且成为重要的香味调料。宋代名医杨士瀛的代表作《仁斋直指》中就收有八角茴香、小茴香并用的方剂。陈元靓《事林广记》记载的方便型复合调味料"一了百当"，就是将茴香磨成粉，与甜酱、腊糟、麻油、盐、川椒、芫荽、胡椒、杏仁、姜、桂皮入油锅炒制而成，随时用于烹饪调和。元代忽思慧《饮膳正要》卷第二"诸般汤煎"有"茴香汤"，记载道："治元藏虚弱，脐腹冷痛。茴香（一斤，炒），川楝子（半斤），陈皮（半斤，去白），甘草（四两，炒），盐（半斤，炒）。上件为细末，相和匀。每日空心白汤点服。"元代韩奕《易牙遗意》中也记录了"茴香汤"制法："茴香、椒皮六钱，炒盐二钱，熟芝麻半升，炒面一斤，同为末。"此外，元代无名氏《居家必用事类全集》亦有"茴香汤"，配檀香、干枣煎制。由此可见，"茴香汤"在元代是常用汤品。与此同时，茴香也成为方便型复合调味料的重要组成部分。元代无名氏《居家必用事类全集·饮食类》记载了“调和省力料物”的制法，“马芹、胡椒、茴香、干姜、官桂、花椒，各等分，碾为末。滴水随意丸。每用调和，撚破入锅”；茴香也作为“天厨大料物”的组成部分，与“川椒、干姜、官桂、莳萝”等多种香料搭配，“为末，水浸，蒸饼，为丸如弹”。至明清时期，茴香、八角的运用更为广泛、多样，既单独使用，也配合使用。明代宋诩《宋氏养生部》“香脯”等中就采用“大茴香”：“用牛猪肉微烹，冷切片、轩，坋花椒、莳萝、地椒、大茴香、红曲、酱、熟油遍揉之。”明代姚可成《食物本草》记载：“今人作鸡、猪肉脯，以茴香和酱炒炙之，味甚香美。”清代朱彝尊《食宪鸿秘》在“香之属”的“香料”中将小茴、大茴并列，并且记载了二者配合使用与单独使用制成的复合调料。如“大料”言：“大小茴香、官桂、陈皮、花椒、肉豆蔻、良姜、干姜、草果（各五钱），红豆、甘草（各少许），各研极细末，拌匀，加入豆豉二合，甚美。”其“减用大料”则是“马芹（即元荽）、荜拨、小茴香，更有干姜、官桂、良，再得莳萝二椒共水丸弹子任君尝”。此外，该书还直接记载了用茴香、八角作为香料制作的菜点及汤卤等。如主要使用八角即大茴香与其他调料制作“老汁方”“酱油腐干”，但制作“兔生”时则是大小茴香兼用：“兔去骨，切小块，米泔浸，捏洗净。再用酒脚浸洗，漂净，沥干。用大小茴香、胡椒、花椒、葱花、油、酒，加醋少许，入锅烧滚，下肉，熟用。”此外，清代童岳荐《调鼎集》更是大量记载了用茴香、八角作为香味调料制成的复合调料及菜品。如其“调和作料部”中记有“大小茴香末”，有用大茴香制作的“卤汤老汁”，还有用茴香制作五香丸、五香方、老汁，即“五香丸：茴香二钱、丁香一钱，花椒二钱、生姜三钱，葱汁为丸”“五香方：甜酱、黄酒、桔皮、花椒、茴香”；“老汁：麻油三斤，酱油三斤，陈醋二斤，茴香、桂皮同熬，日久加酱油、酒，不可加水。”还在特牲杂牲部、羽族部、江鲜部、点心部等都记载了用茴香、八角调味的菜肴，如锅烧猪头、鱼子酱，等等。

茴香、八角在川菜烹饪中运用的历史悠久。宋代苏颂《图经本草》言：茴香“川人多煮食其茎叶”。元代时，无名氏《居家必用事类全集·饮食类》记载了一种当时流行于四川的川炒鸡就是用茴香与胡椒等调味料制成，即将鸡块入锅，加香油、葱丝、盐和研烂的胡椒、川椒、茴香等同炒，再加水煮熟。到清末民国时期，傅崇矩的《成都通览》已经将茴香、八角列入“成都之五味用品”。如今，八角、茴香更在川菜烹调中扮演了重要角色，是基础性的香味调味料，无论是单独使用，还是制成五香粉等方便型复合调味料组合使用；不仅用于烧菜、卤菜的调味，还广泛用于香酥类、五香类菜点的烹制，其著名品种如卤味拼盘、红烧牦牛肉、五香豆腐干、香酥鸽子等。

第二节 | 川菜咸鲜与酸甜类基本调味料的运用历史

川菜“尚滋味”，味道丰富，不仅有善用麻辣、调制的辛香之味，也有用井盐、酱油、豆豉、泡菜、腌菜和醋、蜂蜜等多种调味料调制的咸鲜与酸甜等类别的风味。在此选择一些川菜常用或颇具特色的咸鲜与酸甜类基本调味料，较详细地阐述其在川菜中的运用历程。

一、咸鲜类基本调味料

（一）井盐

盐，是人类使用最为悠久的基础性咸味调味料，其主要成分为氯化钠，按照其原料来源可分为海盐、湖盐、井盐和矿盐4类。其中，运用凿井法汲取地表浅部或地下天然卤水加工的叫做“井盐”。盐不仅能调味，还对调节人体水分正常分布及酸碱平衡起着重要作用，在人们生活中不可缺少，历来被誉为“百味之王”。中国人用盐调味的历史十分悠久。先秦时期吕不韦等编撰的《吕氏春秋·本味篇》中有“调和之事，必以甘、酸、苦、辛、咸，先后多少，其齐甚微，皆有自起”，并称“和之美者，即大夏之盐”，说明盐在当时烹饪调和中已占据重要地位，而且已有优质品种。在四川，烹调中常用的是井盐，不仅用于食材的腌渍加工、味型的调和、菜肴制作，利用盐的渗透压除去食材的苦味和涩

20世纪初，四川自贡地区的井盐熬制场景

味，还用于面臊和面馅的调味，也将盐加入面团中增强面团劲力，改善成品特色和调节发酵速度。

井盐，在四川的储藏量极为丰富。四川是中国历史上最为悠久的井盐生产地之一，已有2 200多年的历史。据杨宽《古史探微》考证，在公元前250年以前的战国时代，四川已经开始了生产井盐的手工业。此后，产盐的地区不断扩大，开凿和熬煮的技术也不断地改进。晋代常璩《华阳国志·蜀志》记载，秦灭蜀以后，秦孝文王任命李冰为蜀守，“（冰）又识察水脉，穿广都盐井、诸陂池，蜀于是盛有养生之饶焉”。这是关于四川开采井盐的最早记载，所产的盐也是世界上最早的经过人工勘探而开凿的井盐。任乃强《四川上古史新探》指出，所言的“广都盐井”是指龙泉山脉南侧（今籍田铺、贵平寺）和仁寿县的盐井。到汉代，四川井盐生产有了长足发展，生产技术逐渐提高，已能开凿出深达上百米的盐井。在四川邛崃出土的汉代画像砖上，清晰地再现了当时井盐生产的真实全貌。西汉宣帝年间，四川还出现了世界最早的天然气井——临邛火井，在中国井盐生产发展史上具有重要地位。魏晋南北朝时期，四川的井盐业持续发展，遍布于四川境内各地，包括巴郡、巴东郡、涪陵郡、巴西郡、梓潼郡、蜀郡、和仁郡、广汉郡、犍为郡、怀仁郡、江阳郡等。在当时的井盐产区，盐井十分普遍。据《华阳国志》记载，四川的富顺、南部、邛崃、蒲江、忠县、垫江、梁平、万县等地均有盐井，所以晋左思《蜀都赋》有“家有盐泉之井”的描述。隋唐五代时，井盐的开采步入新阶段，深井开采卤水较为普遍，井火煮盐也有所增加，至今在四川邛崃还保存着“自唐时古火井处”的碑刻。唐代时四川的盐井已分布到邛州、嘉州、眉州、梓州、合川、遂州、渝州、泸州、资州等地，数量达到470余眼。

宋代时，人们创造了冲击式凿井法，开掘出新型的盐井——卓筒井，取得了具有划时代意义的突破，这有力地促进了宋代四川井盐生产的蓬勃发展。据郭浩《大匠良造：中国传统匠作文化》等统计，宋初川盐年产仅410.33万kg，但是在卓筒井产生之后的绍兴二年（1132年），井盐的年产量已达到1 500万kg左右。到明代时，井盐钻井工艺进一步发展，主要表现在凿井的程序化、固井技术的提高和治井技术的发展等方面，使得四川地区的井盐生产不断扩大，在全国占据着越来越重要的地位。明末清初，遍及全川的战乱导致盐井损失殆尽，直到清代康雍乾“湖广填四川”大移民和相关政策的实施，四川井盐的生产才逐渐恢复。雍正九年（1731年），四川产盐地区已遍及40个州县，共有盐井6 100多眼，年销食盐达4 610万kg左右。嘉庆十七年（1812年），全川盐井达9 620多眼，年销食盐16 175万kg。此后，最高年销盐量曾达3.5亿kg，一般年销量则保持在2亿~2.5亿kg。清代道光十五年（1835年），四川自贡盐区出现了世界上第一口超千米深井——燊海井。此后，四川盐业开始兴盛，生产规模日益扩大，资本积累急速增加，在富荣、犍乐盐场还出现了李四友、王三畏堂这类拥资数十万乃至数百万的盐业资本集团。其中，富荣盐场于19世纪末使用第一部采卤蒸汽机车进行生产，标志着四川盐业向近代工业转化。《霍堂诗钞》（卷二）收录的清代史次星《自流井竹枝词》中记载了当时采盐盛况：“咸泉汩汩雪飞花”“不及通宵响汲车”“拔地珊瑚十丈红，四边分引似游龙。”在历代众多的盐井中，以自贡地区的盐井产盐量最大，盐质最好，自贡盐区也逐渐成为四川首屈一指的大盐矿区。宋代乐史《太平寰宇记》（卷八十八）“富顺盐”载：“晋富世县，以县下有盐井，人获厚利，故曰富世。”《华阳国志》云：“江阳有富义强井，以其出盐最多，商旅辐辏，言百姓得其富饶，故名也。”进入当代，自贡已有“盐城”“盐都”的美称。2006年，自贡井盐深钻汲制技艺被列入第一批国家级非物质文化遗产代表性名录。目前，四川井盐已拥有多个著名品牌和产品，在市场中获得了较好的反响。如久大精纯盐、自流井加碘食用盐、自流井贡盐、自贡井盐等是著名产品。

自古以来，川菜烹调中常用的盐即是四川井盐。由于四川井盐系取深藏于地下近千米的盐卤煎制而成，杂质极微，其氯化钠含量高达99%以上，味纯正，无苦涩味，色白，结晶体小，疏松不结块，因此，它在川菜烹调中所起的定味、增香、提鲜和渗透烹饪原料、压抑异味的作用尤为突出。可以说，川菜之所以能百菜百味，四川井盐功不可没。川菜中的一些菜品，如果离开的四川井盐，味道会有些逊色。如人们制作泡菜时一定要选用纯正的四川井盐泡制，以便达到脆嫩鲜香的风味特色。

（二）酱与酱油

酱在中国古代烹饪中占据重要的地位，古人把它看作是调味的统帅。孔子在《论语·乡党》言：“不得其酱，不食。”汉代史游《急就篇》载：“芜荑盐豉醯酢酱。”唐代颜师古注：“酱以豆合面为之也，以肉曰醢，以骨为臡，酱之为言将也，食之有酱，如军之须将，取其率领进导之也。”充分表明酱在饮食烹调中的重要地位。

酱，在中国古代的含义比较广泛，包含动物和植物食材酿造而成的咸、酸味调料。据《周礼·天官·膳夫》的记载，古代的“酱”是“醯”和“醢”的一个总称。《左传》昭公二十年言：“水、火、醯、醢、盐、梅，以烹鱼肉。”唐代孔颖达疏：“醯，酢也；醢，肉酱也。”醯是一种酸性调料，即醋的前身。汉魏南北朝时期，酱的品类众多，有各种肉类、鱼类制成的酱，也有各种植物制成的酱。但是，其中食用最经常、最广泛，从而生产与消费数量最大、能构成调味品主体的首推豆酱，或以豆类为主要原料所制成的酱。北魏贾思勰在《齐民要术》中辟有“作酱法”章专门论述各种酱的制法，其中，对于豆酱从原料及其处理方法、到制曲工

在20世纪40年代的四川地区，酱油、醋和食盐是酱园的主销产品

艺以及制醪成酱工艺等全过程都有详细记载。除了豆酱之外，《齐民要术》还记载了作肉酱法二种、作鱼酱法五种以及作虾酱法、作麦酱法、作榆子酱法、作生脡法、作燥脡法等。到了唐代，根据韩鄂《四时纂要》记载，制酱法又进一步，采用一次制成“酱黄”的方法，将其晒干后随时都可作酱。这种方法直到如今的家庭作酱时还在使用。在此基础上，元明清时期出现了许多不同种类的酱及其具体制作方法，如小豆酱法、仙酱方、糯米酱方、急就酱、芝麻酱、造甜酱、造酒酱、造麸酱、乌梅酱、蚕豆酱、米酱法、做清酱法、辣椒酱、果仁酱等。

酱油是从豆酱衍生和演进而来的，又称为清酱、酱清、豆酱清、豆油等。

半固体状态下的豆酱在发酵成熟以后，酱汁就会自然沥出，也可以通过沉淀、自淋等方法分离提取出酱油。东汉崔寔《四民月令》就提到“清酱”，言：“正月可作诸酱，上旬炒豆，中旬煮之，以碎豆作‘末都’。至六、七月之交，分以藏瓜。可以作鱼酱、肉酱、清酱。”有学者认为“清酱”是早期的酱油。北魏贾思勰《齐民要术》中载有“酱清”“豆酱清”，并且多处提到用酱清来调味。“酱油”一词较早出现在宋代。北宋苏轼（又有称释赞宁著）《物类相感志》“蔬菜”载：“作羹用酱油煮之，妙。”南宋林洪《山家清供》明确记载用酱油作为调料制作柳叶韭、山海兜、山家三脆等多种菜肴。其“柳叶韭”的制法是“韭菜嫩者，用姜丝、酱油、滴醋拌食”；“山海兜”制法是：“春采笋、蕨之嫩者，以汤瀹过，取鱼虾之鲜者，同切作块子，用汤泡，暴蒸熟，入酱油、麻油、盐、研胡椒，同绿豆粉皮拌匀，加滴醋”；“山家三脆”的制法是：“嫩笋、小蕈、枸杞头，入盐汤焯熟，同香熟油、胡椒、盐各少许，酱油滴醋拌食。”至明清时期，关于酱油的制作方法和烹调中的运用有大量记载。明代李时珍《本草纲目》卷二十五“酱”下记载了“豆油法”：“用大豆三斗，水煮糜，以面二十四斤拌罨成黄。每十斤入盐八斤，井水四十斤，搅晒成油，收取之。”这里的豆油即酱油，说明酱油的制作已经发展成独立的酱油生产工艺。明代高濂撰《遵生八笺》之《饮馔服食笺》记载了使用酱油烹调的菜肴，如“炒羊肚儿”的制作方法是：将羊肚洗净，细切条子，“就火急落油锅内炒，将熟，加葱花、蒜片、花椒、茴香、酱油、酒、醋调匀，一烹即起，香脆可食”。清代童岳荐《调鼎集》中记载了许多用酱油调味制作的菜肴，如第二卷“特牲杂牲部”记载的“干锅蒸肉”“干焖肉”“黄焖肉”“棋盘肉”等皆用酱油与其他调料共同调味成菜。

在四川，酱及酱油的酿制和烹调使用历史也十分悠久。汉代扬雄《蜀都赋》载有“蒟酱酴清”，有人认为这里的“蒟酱”指“蒟酱”。左思《蜀都赋》中也提到“蒟酱”。“蒟酱”是一种用胡椒科植物制作的酱，秦汉时期巴蜀民众重要的调味料。《史记·西南夷列传》载汉时“独蜀出蒟酱”，并经南方丝路行销南越。清代时，四川关于酱油生产、保存及使用的记载逐渐增多。清代李化楠著、李调元刊印的《醒园录》总结记载了保存酱油品种的方法，指出“酱油不用煎”，“酱油滤出上瓮，将瓦盆盖口，以石灰封好，日晒之，倍胜于煎。”清乾隆三年（1738年），临江寺豆瓣创始人聂守荣开设义兴荣酱园于临江寺场；道光《乐至县志》“风俗”条中，写到市镇中有油酱、食米等销售。在郫都区，据《郫县志》载，清咸丰年间，陈守信在县城南街开设益丰和酱园，生产和销售酱油、麸醋及咸菜、泡菜、豆瓣等。清末傅崇矩在《成都通览》“成都之各种商铺街道类览”中记载了“酱园帮”，列举出一大批德华街、棉花街、牛王庙街等众多街道上的代表性酱园店铺，都有酱油售卖。

到清末民国以后，四川酱油出现一些著名品牌，最具代表性的是中坝酱油和犀浦酱油。据《彰明县志》记载，道光初年，江油中坝一家名为清香园的酱油坊店主后人韩铣中了举人。道光七年（1827年），韩铣官居道台。趁赴京谢恩之际，韩铣携其家酿酱油作为贡品，献给了道光皇帝。道光皇帝品后赞不绝口，挥毫留下“中坝酱油”四字。中坝酱油由此得名，并被指定为皇家贡品。其后，清香园后人精益求精，以本地传统酿造技艺为基础，在保证中坝酱油天然鲜味的同时，加入口蘑作为重要配料，这种蘑菇顶圆肉厚，味醇香浓郁。用口蘑为配料精心酿制的酱油汁稠色艳，咸甜适度，天然鲜香，故后人取名“中坝口蘑酱油”。犀浦酱油则出于四川郫县。民国时期，郫县的犀浦共有三家酱园生产“犀浦酱油”。最早的一家酱园约建于1901年，业主杨德丰，故称德丰园。该酱园于1933年在成都提督街开设分号，1939年夏迁回犀浦。1943年前后，德丰园年产犀浦酱油约22.5万kg。此外，犀浦的另外两家酱园三义公、合浦园也生产酱油。几家相互竞争，生产工艺、质量不断提高，使得犀浦酱油颜色好、浓度高、香味浓郁。与此同时，酱及酱油作为咸味基本调味料，也广泛用于川菜制作。如酱烧肉、酱鸡、酱桶鸭、酱瓜等，皆是用酱调味。而酱油在川菜烹调中则起到调味、提色、增鲜的作用，大量运用于冷菜、热菜以及面点、小吃的调味。如历史名菜东坡肉，就离不开酱油调味、提色。清代童岳荐《调鼎集》记载了棋盘肉与东坡肉的制法。“棋盘肉：切大方块，皮上划路如棋盘式，微擦洋糖、甜酱，加盐水、酱油烧，临起加熟芝麻糁面。东坡肉：同前法，唯皮上不划路耳。”

（三）豆豉

豆豉是以整粒大豆为主要原料，经曲霉发酵后制成的颗粒状咸味调味品。豆豉按风味划分，可分为咸豆豉、淡豆豉、甜豆豉、臭豆豉等；按形态划分，可以分为干豆豉、湿豆豉、水豆豉等；按制作中是否添加辣椒划分，又可分为辣豆豉和无辣豆豉。豆豉成品色泽多为棕黑色或黄褐色，味道咸鲜醇香。在烹调中，豆豉具有提鲜增香、除异解腻、配形赋色的作用。豆豉是我国传统的调味料之一，也是川菜常用的咸味基础性调味料。

豆豉的制作和使用可以追溯到秦汉时期。《史记·货殖列传》中有“蘖曲盐豉千荅”的记载。这是截至目前发现的关于豆豉的最早明确记载。此后，史游所撰《急就篇》也载：“芜荑盐豉”。宋代吴曾《能改斋漫录》考证：“盐豉，古来未有也。《礼记·内则》《楚辞·招魂》备论饮食而言不及豉。《三辅决录》曰：‘前队大夫范仲公，盐豉蒜果共一筒’。盖秦汉以来始为之耳”。1972年，长沙马王堆汉墓中出土了一个盛有豆豉的陶罐。豆豉表面皱缩，呈黑色，多数黏结成块状，并拌有生姜碎块。这也印证了古代文献对豆豉的记载。《汉书·货殖列传》不仅记载有“蘖曲盐豉千荅”，还记载了元帝至王莽之间的两名成为京师富商的豆豉商人：“长安丹王君房、豉樊少翁、王孙大卿，为天下高訾。”颜师

古注曰："王君房卖丹，樊少翁及王孙大卿卖豉，亦致高訾。訾，读与资同。高訾谓多资财。"他们在当时闻名天下的七位京师富商中占据两位，说明豆豉在当时的生产规模与销售数量之大和经营者的发迹之快。这是因为豆豉作为一种咸味调味品，在当时已经深受各界欢迎，已成为五味调和必不可少的调味品。汉代刘熙《释名》记载道："豉，嗜也，五味调和，须之而成，乃可甘嗜也，故齐人谓豉，声如嗜也。"

到魏晋南北朝时期，豆豉的制作技术已基本完善。西晋张华《博物志》列有作豉法，北魏崔浩《食经》也载有作豉法与作家理食豉法。贾思勰《齐民要术》"作豉法"则详细而全面总结了当时酿造豆豉的时间、温度、方法和效果等经验，成为我国古代制作豆豉的极为宝贵的技术史料。唐宋时期，豆豉的制作品种和调味方法有所增加，出现了用姜、花椒、盐水等制作的咸豆豉。唐代韩鄂《四时纂要》载咸豆豉作法："一重豆，一重椒，姜，入尽，即下盐水，取豆面深五七寸乃止"。李昉等《太平广记》载：崔希真宴请客人时曰："家有大麦面，聊以充饭，叟能是乎?"答曰："能沃以豉汁，则弥佳。"吴自牧《梦粱录》载有波丝姜豉、诸色姜豉、蜜姜豉、咸豉等。元明清时期，豆豉的制作和使用更多。元代鲁明善《农桑衣食撮要》、明代高濂《遵生八笺》和李时珍《本草纲目》等都有豆豉制作的记载。清代童岳荐《调鼎集》则记载了许多用豆豉调味的菜肴，如其"铺设戏席部"记载"荷瓣豆腐"的制法是："取豆腐浆点以火腿汁，用小铜瓢舀入鲜汁锅内。豆豉入紫菜、玫瑰花瓣"。其"特牲杂牲部""菜花头煨肉"的制法是："用台心菜嫩蕊微腌晒干，用之配煨肉。荸荠去皮、鲜菌油、笋油、蟀螯、酱腐乳、蘑菇、虾米、豆豉、萝卜去皮略磕碎、萝卜干、冬瓜切块、乌贼鱼块、松仁、栗肉、麻雀脯、鸭掌、笋块、梨块、山药、芋艿、蒜头、蒜苗、茄、笋干、咸肉块、醉鱼、风鱼。"

四川制作和使用豆豉也有十分悠久的历史，唐宋时期已有明确记载。唐代冯贽的《云仙杂记》中就写到了四川豆豉做的"甲乙膏"："蜀人二月，好以豉杂黄牛肉为甲乙膏，非尊亲厚知，不得而预，其家小儿，三年一享"。所谓"甲乙膏"，是唐代时巴蜀地区的名菜，用黄牛肉为原料，配上豆豉炒制而成。宋代陆游也在《村居初夏》一诗中夸赞了四川豆豉品种佳："梅青巧配吴盐白，笋美偏宜蜀豉香。”陈元靓《事林广记》记载有“西川豆豉”的制法：“用黑豆一斤，于腊月大寒节内逢庚日浸豆，癸日煮豆，熟烂控干……逢庚日开，用橘叶、椒叶晒干为度。”至元明清时期，四川豆豉已创制了一些独特的名优品种。元代倪瓒《居家必用事类全集》“饮食类”介绍了全国最好的豉汁，其中就包括“造成都府豉汁法”：“九月后，二月前，可造好豉三斗。用清麻油三升，熬令烟断香熟为度”，“川椒末、胡椒末、干姜末、橘皮各一两，葱白五斤。右件并捣细和煎之三分减一取不津磁器中贮之，须用清香油，不得湿物近之，香美绝胜”。传承至清代，四川有许多造豉汁的记载。清代李化楠《醒园录》载有“做香豆豉”二法、做“水豆豉”二法。清代曾懿《中馈录》也载有“制豆豉法”：“大黄豆淘净煮极烂，用竹筛捞起，将豆汁用净盆滤下，和盐留好。豆用布袋或竹器盛之，覆于草内。春暖三四日即成，冬寒五六日亦成，惟夏日不宜。每将成时必发热起丝，即掀去覆草，加捣碎生姜及压细之盐，和豆拌之，然须略咸方能耐久。拌后盛坛内，十余日即可食。用以炒肉、蒸肉，均极相宜。或搓成团，晒干收贮，经久不坏。如水豆豉，则于拌盐后取若干，另用前豆汁浸之。略加辣椒末、萝卜干，可另装一坛，味尤鲜美。”该书不仅较详细地记载普通豆豉的制法，还记载其烹调之用和干豆豉、水豆豉的制法。到清末民初时，徐珂《清稗类钞》言：“豆豉之制，四川为最，出隆昌者尤佳。”其实，巴蜀地区明清以来至今最著名的豆豉品种当属永川豆豉、潼川豆豉。其中，永川豆豉相传出现于明崇祯十七年（1644年），是永川县城北面跳石河处一崔姓太婆偶然发现。崔家贫，在跳石河小饭馆，蒸黄豆过年。因战乱，崔婆婆匆忙间将黄豆倒于柴草中便外逃，数日后回家，忽闻柴草中香气扑鼻，便将生霉的黄豆洗后拌盐，再入坛中贮藏，其色变黑发亮，其味更香。过往客商品尝赞不绝口。从此，崔豆豉名声远扬，又被称为永川豆豉，其制作方法也在民间流传开来。潼川豆豉，则是由江西泰和人迁入四川后创制的。据1930年《三台县志》记载：清康熙九年（1670年）左右，邱正顺的前五辈祖先，从江西迁徙来潼川府（今三台县），在南门生产水豆豉做零卖生意。他根据三台的气候和水质，不断改进技术，采用毛霉制曲生产工艺，酿造出色鲜味美的豆豉。清康熙十七年（1678年），潼川知府以此作贡品敬献皇帝，得到赞赏而名噪京都，被列为宫廷御用珍品，进而逐步为全国知晓。传至邱正顺时，其便在城区东街开办“正顺”号酱园，年产20多万斤，盈利甚多，人称“邱百万”。除邱家之外，当时三台县制作潼川豆豉的酱园还有多家，已形成较大的生产规模。《三台县志》载：“城中以大资本开设酱园者数家，每年所造豆豉极殷盛，挑贩络绎不绝，称为潼川豆豉。”潼川豆豉制作时不加其他香料，全靠黄豆发酵时产生的大量氨基酸和香气，成品颗粒为黑色、油润发亮、味美鲜浓。

豆豉在川菜烹调中一直占据着重要地位，除了经过单独炒、蒸后作为小菜来佐餐食用外，更是川菜重要的咸味基本调味料，以整粒或豉汁、豉油、豉酱等形式来使用，主要有两大类方法：一是复合味型的调制。如传统的家常味型与麻辣味型调制中都需要使用豆豉，创新的豉汁味更是以豆豉作为主要调味料；二是炒、蒸、烧、拌、煎、焖、烤等类别菜肴的调味。川菜著名的菜肴小吃回锅肉、麻辣兔丁、红烧鲢鱼、毛肚火锅、川北凉粉等，都或多或少地使用豆豉来调味。需要指出的是，川菜厨师在使用豆豉时非常重视其用量，太少则香味不足，太多又可能压抑了主味，必须根据菜点风味要求做到恰当准确。

（四）腌菜

在四川，榨菜、芽菜、冬菜、大头菜是四大著名腌菜，都身兼二三职。榨菜可单独上桌佐饭，也可做辅料与猪肉合烹成多种菜肴，还可切碎或剁成末，加入到面馅、点心馅中作提味增鲜的调味料。芽菜、冬菜、大头菜等，既可做菜肴点心的辅料，更是作为调味料来调料。

1. 榨菜

榨菜是用芥菜的膨大茎为原料腌制成的。四川人称榨菜的原料为青菜头、羊角菜、青菜脑壳、菜头。这是一种腌制成半干态的腌菜，加工中需压榨出汁液，由此得名“榨菜”。四川东部长江两岸地区都生产榨菜，其中又以涪陵榨菜最为著名。它以优良品种“蔺市草腰子”为主要原料，将菜头晾于木架上，经长江、乌江汇合口的河谷风徐徐风干、脱水到一定程度，再经二道腌制、修剪整齐，三道淘洗、压榨滤去明水，然后拌以上等香料，装坛发酵而成，具有鲜、香、嫩、脆和比较耐烹煮和贮藏的特点。黄炎培在《蜀游百绝句》“榨菜香名天下传”的夸赞。由于榨菜起源于涪陵，加之特殊自然条件给榨菜生产、加工提供了有别于其他产区的优势，质量优、产量大、发展快，故有涪陵榨菜的美称。涪陵榨菜是采用营养丰富、质嫩形好、组织紧密、含水量低的青菜头加工而成的，创制于清代末年。据《涪州志》等记载，在18世纪初期，涪陵就出产名为“青菜头”的原料，由于它“肉质”白而肥厚，质地嫩脆，煮炒食均可，也用来作为泡菜之用，是当地人冬季蔬菜之一。在清朝光绪二十四年（1898年），涪陵城西洗墨溪商人邱寿安家雇请的长工邓柄成、罗兴发见青菜头生产过多，吃不完、销不了，即将剩余的菜头按大头菜的加工方法，用一种简陋木制工具将菜头中的水分榨出，腌制了两坛，取名榨菜，作家庭食用。邱寿安又将其中一坛送给在湖北宜昌开设“荣生昌”酱园店的弟弟邱汉章。邱在一次宴会上开坛取菜，与亲友及客商共品其味，倍觉鲜脆可口，为其他腌菜品所不及，并争相订货。第二年（1899年），邱寿安见有利可图，即将佃租改收青菜头，同时挂牌收购，该年即加工八十坛榨菜，运往宜昌“一抢而光”，获利较大，遂开设作坊加工榨菜。1912年运往上海，打开了上海销路，同时成立了“道生恒”菜庄，这便是榨菜史上的第一个作坊和菜庄。自邓柄成、罗兴发创制榨菜，邱汉章打开销路之后，涪陵一些商人见有利可图，争相打听其加工办法，1910年欧兼胜、骆培之等相继办厂，到1935年榨菜产区已遍及川东、川南11个县市的38个乡镇，大小作坊共达800多家，产量达29万担。在开辟了国内广大市场的同时，涪陵人还打开了南洋各国销路，每年出口两万多担，运销中国香港、马来西亚、新加坡、菲律宾等地，创造了中华人民共和国成立前榨菜销售的最高纪录。至今，涪陵榨菜与法国酸黄瓜、德国甜酸甘蓝并列为世界三大著名腌菜。

榨菜既可直接食用，在四川菜点烹调中也作为调辅料使用，不仅常用于炒、烧、煮、煨等菜肴的制作，还常用于制作汤品和面点小吃，其著名品种有榨菜肉丝、榨菜包子等。

2. 芽菜

芽菜是用芥菜中光杆青菜的嫩茎腌制而成，分为咸、甜两种，以宜宾的“叙府芽菜”最为著名。咸芽菜的制法是将青菜去叶后划成细条晒干，多次加盐搓揉、排出水分晒至半蔫时，拌八角、花椒、山奈等香料，装坛密封数月而成。甜芽菜是在咸芽菜基础上增加红糖用量，凸显回甜口味。芽菜，相传创制于清代乾隆年间。当时，宜宾（古戎州、叙府）城内有一对夫妻家境贫寒，常年靠吃青菜度日。为使青菜易于保存，妻子琢磨出一套腌制青菜的方法：取青菜嫩绿秆茎，削成细条，加上红糖、食盐及多种天然香料后入坛腌制。因其嫩似幼芽，取名为“芽菜”。不久，为供夫君上京赶考，妻子在城内开设了一间饭馆，将所有菜品均辅以芽菜提味，菜品味道鲜美、回味悠长，令人唇齿留香。于是，全城妇人均前往学艺、腌制芽菜，其夫高中状元，使得芽菜闻名。“叙府芽菜”是甜芽菜的代表，成品要求褐黄色、润泽发亮、根条均匀、气味甜香、咸淡适口、质地嫩脆。此外，咸芽菜的知名品种则来自宜宾的南溪、泸州、重庆永川等地，成品要求色青黄润泽、根条均匀、咸淡适口并有香味、质地嫩脆。

芽菜主要用于四川菜点的烹调，可提鲜、解腻、增香，不仅常用于炒、烧、煨等菜肴的制作，更常用于制作汤品、面点小吃，著名的咸烧白、酸辣粉、担担面、芽菜包子等都离不开芽菜来调味。

3. 冬菜

冬菜是中国特产蔬菜腌制品，因多在冬天加工制作而得名，因制作地不同而有京冬菜、川冬菜等之别。产于四川的冬菜称为川冬菜，是用芥菜类的箭杆青菜嫩尖为原料腌制加工而成的，色褐黑，质嫩脆，咸淡适口，气味香浓，优质且著名品种有南充、资中、重庆大足生产的冬菜等。南充冬菜，又称顺庆冬菜，创制于清代。据《南充县志》载：“清嘉庆年间，顺庆就有冬菜出售”“道光年间（1821—1850），县人张德兴在县城经营德兴老号酱园铺，制作冬菜，颇有名气”。南充冬菜是以菜类的箭杆青菜的菜薹为原料，以盐和花椒、八角等香辛料为辅料，经过20道工序，历时1～3年腌制加工而成。冬菜主要用于四川菜点的烹调，可提鲜、解腻、增香，不仅常用于炒、烧等菜肴的制作，也常用于制作面点小吃，川菜中名品冬菜扣肉、冬菜烧鸭子、冬菜炒肉丝等都有南充冬菜的调味身影。

4. 大头菜

大头菜是用芜菁球根为原料经腌制而成，呈椭圆形，色泽棕黄至棕褐，主要产于四川盆地，具有质地致密坚实、略嫩脆、味咸鲜回甜、香浓等特点。

大头菜的制作历史较为悠久，但多为民间自种、自腌、自食。1800年，成都广

在四川地区，大头菜是用芜菁球根腌制而成，呈椭圆形，色泽棕黄至棕褐，主要产于四川盆地，具有质地致密坚实、略嫩脆、味咸鲜回甜、香浓等特点。

益号酱园开始进行商品性生产，随后，内江、南充、宜宾等地相继仿效，产量以成都、内江居多。大头菜既可作为小菜佐餐，也是川菜常用调辅料，有除异、增香、增浓复合味感等作用，多用于味碟制作和拌、炒、烧等菜肴以及面点小吃的调味，川菜名品红油黄丝、麻辣大头菜、家常豆花、豆花面等都离不开大头菜的调味。

（五）味精与鸡精

味精是一种鲜味基本调味料，化学成分主要为谷氨酸钠，亦称味素。此外，还含有少量食盐、水分、脂肪、糖、铁、磷等物质。1908年，日本化学教授池田菊苗从海带中提取出了一种叫谷氨酸钠的化学物质，并发现把极少量的谷氨酸钠加到汤中，就能使其味道鲜美至极。池田菊苗因此被誉为“味精之父”。谷氨酸钠开始以调味料的身份登上历史舞台之后，日本味精迅速风靡世界，并且在鲜味调味品行业长期保持垄断地位。20世纪20年代初，上海实业家吴蕴初先生通过反复实验，找到了用水解法生产谷氨酸钠的方法，并由“味中精华”之意而取名“味精”。1923年，吴蕴初在上海创立天厨味精，打破了日本“味之素”一统天下的局面。此后，现代技术开发出了利用微生物生产味精的发酵技术，主要是利用葡萄糖、果糖或蔗糖为糖源，经味精生产菌种吸收代谢，合成大量的谷氨酸。鸡精则是味精的一种，由主要成分谷氨酸钠发展而来。其中，味精占总成分的40%～60%，盐占10%左右。与味精相比，鸡精既有鸡的鲜味，又有其香味，其化学成分是将核苷酸与谷氨酸钠复合且鲜度上乘，实现了增鲜、调味的二合一。如今，味精与鸡精在川菜烹调中占据着十分重要的地位，用量较大、范围较广。味精易溶于水，能给植物性食材以鲜味，给动物性食材以香味，各种菜点因放入少许味精而增加其鲜美之味。

二、酸甜类基本调味料

（一）醋

中国是世界上最早用谷物酿醋的国家。《周礼》中就记载了专门管理醋政的官员“醯人”，“醯”指的就是醋。《礼记》中也称贵族的饮食“和用醯”，制作猪肉、麋、鹿、鱼、兔等菜都要“实诸醯以柔之”，以除膻去腥。《史记·货殖列传》也记载了大都市中醋的生产情况。贾思勰《齐民要术》详细记述了23种食醋的酿造方法。至唐宋及元明清时期，制醋的原料、酿造工艺与品种皆有所增加。元代倪瓒《居家必用事类全集》等文献详细介绍了陈米醋、糯米醋、小麦醋等醋的新酿制工艺；清代李化楠《醒园录》中还收录了“焦饭做醋法”。四川民间饮食中很早就出现了酸味调料，如梅实、醋林子、盐麸子、寒食浆、酸腌菜、蘘菹汁等。醋出现以后，就在四川烹调中占据了重要地位。陆游《饭罢戏作》中写道：“东门买彘骨，醯酱点橙薤。”醯酱指的是酱醋拌和的调料，可见当时将醯、橙皮等调和食用十分流行。陆游还十分钟情于四川的荠菜，其《食荠》诗也写到了食用醋：“小著盐醯助滋味，微加姜桂发精神。”杜甫曾写了一首《槐叶冷淘》，是其在蜀中夔州所作。这种面食到宋代也得到了继续发展。林洪《山家清供》对其进行了介绍：“于夏采槐叶之高秀者，汤少瀹，研细滤清，和面作淘，乃以醯、酱为熟齑，簇细茵，以盘行之，取其碧鲜可爱也。”可见此时“槐叶淘”的制作过程中也需要“醯酱”进行调味。至清代，醋在四川已经是常见的酸味基础性调味料。《芙蓉话旧录》中记载了成都一道名曰“醉虾”的菜品，是将生虾放入“葱酒醯醋”中浸泡而成。傅崇矩《成都通览》“成都之五味用品”中不仅列出了“陈醋、酒醋、糖醋”，还在“外来五味”中专门提到了“保宁醋”。

产于四川阆中的保宁醋，作为中国四大名醋之一，是川菜重要的酸味基础性调味料之一。阆中，自古便为巴蜀要冲、军事重镇，秦灭巴后置县，五代时设保宁军治，意指保卫安宁，元、明、清时期至民国初均为保宁府治所。醋，在汉代被称为“苦酒”。到唐宋时期，阆中“丁缸醋”作坊已星罗棋布，陆游曾在阆中留下“阆州斋酿绝芳醇”的名句。而著名的阆中保宁醋历史，则可以追溯到明末清初。当时，一位身怀酿醋绝技的山西醋工索廷义为躲避战乱，到阆中居住。他开设醋房，以当地大米、小麦、麸皮等为原料，采用白蔻、砂仁、杜仲、当归、五味、薄荷等32味中药制曲，用观音寺内松华古井的泉水精酿成醋，品质甚佳，因而声名远播。清代乾隆年间，索氏醋业兴旺，索氏子孙出银三百八十两在城南南门外下栅口上街购屋十间，谋求发展。他用石桩木板竖起“索永顺”醋房的通天招牌吸引码头商客，取嘉陵江与白溪濠汇流之水酿制保宁醋，名声大振。清代

中国是世界上最早用谷物酿醋的国家，也是川菜重要的酸味基础性调味料之一。

末年，阆中人肖泽根适应新潮流，弃儒经商，在城南开设“崇新长”醋庄。他为了精制发酵曲药、保证药醋的品质，特地开设中药房，其制曲用药多达620味。他特别注重商业道德，探求经营的科学，曾在店铺门联上写道：“贸易中岂无学问，权衡上定有经纶。”又手书：“商人以信义为无形之资本，无欺为生财之妙法。”他交游甚广，曾将其所产“宝鼎牌”保宁醋带到巴拿马太平洋万国博览会参展，荣获金质奖章。民国年间，阆中城乡醋坊多达42家，年产量50～100t，县上成立“醋业公会”，奉姜太公为醋坛神，在号称“阆苑第一楼”的临江过街市楼——华光楼上塑有“太公像”，每年阴历四月初一为“太公会”会期，也是保宁醋业的盛会之时。清代定晋岩樵叟在《成都竹枝词》言：“郫县高烟郫筒酒，保宁酽醋保宁绌。西来氆氇铁皮布，贩到成都善价求”。在近现代川菜烹调中，最常使用的一种酸味基础性调味料就是保宁醋。它色泽棕红、光泽无浊、醇香浓郁、酸味柔和、酸而不涩，使用范围广、用量较大、用法多样，不仅用来调制复合味型，如鱼香味、糖醋味、荔枝味、酸辣味等，也用于川味菜肴、面点小吃的调味，还常用于火锅的蘸碟调制。

（二）泡菜

泡菜是将食材主要是蔬菜放入容器中用盐水泡渍、经乳酸发酵而成的，是川菜常用的一种酸味基础性调味料，烹调运用较为广泛。四川泡菜因盐水浸泡时间的不同而分为跳水泡菜和长年泡菜，皆可用于川菜烹调中。

泡菜有着悠久的历史，最早起源于商周时期的“菹”。《周礼·天官·醢人》言：“王举，则共醢六十瓮，以五齐、七醢、七菹、三臡实之。”汉代郑玄注：“齐当为齑”“细切为齑，全物若‘月枼’为菹”。“齑”指切细的腌菜，“菹”则指整体或切大片的腌菜。但是，真正意义上的泡菜则产生于秦汉时期泡菜坛出现之后。因为四川传统手工泡菜的关键是盐水浸泡和乳酸发酵，而有沿（唇）的泡菜坛是古代制作泡菜必不可少的器具。据何俊《考古发现古人也用泡菜坛》言，在重庆涪陵区出土了东汉时期、距今约1 700年的双唇（沿）四系陶罐（即泡菜坛）；成都的川菜博物馆也保存着汉代灰陶双唇罐（泡菜坛）。由此可以推测，泡菜最迟出现在距今1 700年左右的汉代。到魏晋南北朝时首次出现了盐水泡渍蔬菜法的记载，只是包含于“菹”中。北魏贾思勰《齐民要术》之“葵松芜菁蜀芥咸菹法”言：“收菜时，即择取好者，菅、蒲束之。作盐水，令极咸，于盐水中洗菜，即内瓮中”“其洗菜盐水，澄取清者，泻著瓮中，令没菜把即止，不复调和。”此时的“菹”包括泡菜、盐渍菜、糟菜等。此外，这一时期还出土了一些泡菜坛。据《重庆晚报》报道，重庆忠县乌羊镇在2010年出土了距今1 500年以上、高约40厘米、双沿完好的泡菜坛。到清代，泡菜有较大发展，出现“泡菜”等专属名称及记载。清代嘉庆年间定晋岩樵叟《成都竹枝词》赞道：“秦椒泡菜果然香，美味由来肉爨汤。”道光至光绪年间的曾懿在《中馈录》“泡盐菜法”做了详细记载，指出“定要覆水坛”“泡菜之水，用花椒和盐煮沸，加烧酒少许。凡各种蔬菜均宜”“每加菜必加盐少许，并加酒，方不变酸。坛沿外水须隔日一换，勿令其干”。这个制泡盐菜法与当今四川泡菜的制作基本相同，覆水坛即是泡菜坛。此时，四川许多地方都生产优质泡菜坛，如彭州“桂花土陶泡菜坛”和内江隆昌“下河口泡菜坛”等广为流行。清末傅崇矩在《成都通览》“成都之咸菜”中不仅简要介绍了泡菜制法，“用盐水加酒泡成，家家均有”，还将泡菜与腌菜、酱菜等并列，记载了22个泡菜品种，如泡大海椒、泡萝卜、泡青菜等。如今，在四川泡菜中有很多著名品种，最具代表性的是东坡泡菜、新繁泡菜等。东坡泡菜是四川省眉山市特产、国家地理标志产品，味道咸酸，口感脆生，色泽鲜亮，香味扑鼻，开胃提神，醒酒去腻，老少适宜。眉山市是北宋著名文学家苏洵、苏轼、苏辙的故乡，也是中国泡菜之乡。当年东坡不仅喜食泡菜，还亲手制作泡菜。古往今来，东坡故里的城乡几乎家家户户都能制作泡菜。从20世纪80年代开始，东坡泡菜由民间制作走向工厂化生产。2005年，中国泡菜城建成，内设东坡泡菜加工中心、中国泡菜交易展示基地、质量检测基地、文化旅游博览基地等。此后，泡菜不断走上国际市场，产品远销海外。2020年，由眉山市相关部门牵头负责制定的泡菜行业国际标准正式诞生，大大提升了中国泡菜在国际上的地位和影响力。泡菜由于具有制作简单、经济实惠、取食方便、不限时令、利于贮存等优点，故在四川各地流传广泛，可以说几乎家家都做，人人爱吃。不少家庭的泡菜盐水长期使用，用它泡制的各种蔬菜芳香脆嫩，色彩鲜艳，各具风格。一般情况下，人们对泡菜的使用主要有两大类型：第一，作为小菜直接食用。不论家庭便餐或丰盛宴席之后，常有几碟红黄绿白相间、逗人喜爱的跳水泡菜，以解腻、开胃、增进食欲。第二，作为重要的酸味调味料烹制菜肴，最常用的有泡辣椒、泡姜、泡青菜等。泡辣椒，又称泡海椒、鱼辣椒等，主要是将二荆条辣椒入泡菜盐水中腌渍而成，呈长条锥形、尖微弯，色泽红亮，是烹制鱼香味菜肴必不可少的调料。鱼香味型是四川首创的常用味型之一，因源于四川民间制作鱼肴时独特的调味方法而得名，主要以泡红辣椒及川盐、酱油、白糖、醋、姜、葱、蒜等调料调制而成，其特点是咸、甜、酸、辣兼备，姜、葱、蒜香浓郁。四川名菜鱼香肉丝，就是以肉丝为主要食材，加泡红辣椒等调料烹炒而成，泡红辣椒在其中起到增香、添色、调味等作用，与其他调料一起使成菜具有了典型的鱼香味之特点，且色泽红艳、香气浓郁。此外，泡辣椒也用于部分家常味型和咸酸味型菜肴的制作，形成泡椒系列菜肴，代表性菜肴有泡椒凤爪、泡椒牛蛙、泡椒墨 鱼仔等。泡姜是用仔姜入泡菜盐水泡制而成，呈不规则块状、略扁，色泽微黄，具有质地脆嫩、形态饱满、味酸、微辣且香等特点，常用于调制酸辣风味，有除异去腥、增香、增色等作用，适宜烧、煮、炒、爆、烩等菜肴，代表性菜品有红油泡姜、泡姜嫩兔、泡姜鲜鱼、泡椒肚丝等。泡青菜是用大叶芥菜入盐水中泡制而成，呈不规则形状，色泽黄绿，具有嫩脆鲜香、咸酸醇厚、口味独特的特点，常用于调制酸香风味，有除异去腥、解腻、增香等作用，适宜烧、蒸、炒、煮等菜肴和面点小吃，已形成酸菜系列菜点，代表性菜品有酸菜鱼、酸菜黄辣丁、酸菜粉丝汤等。由于巴蜀地区用酸菜制作的菜点众多，近十余年来，有人提出在川菜常用的酸辣味型中有一种“泡菜酸辣味”之说。而泡辣椒、泡姜、泡青菜除分别使用外，也常组合使用，最典型的品种是酸菜鱼火锅。它是四川火锅的一个重要品种，用泡青菜片、泡红辣椒与郫县豆瓣等炒制后加鱼汤和盐、味精、花椒、胡椒粉等熬成火锅汤卤，下鱼片及其他原料煮熟即可，味道麻辣且略带酸香，适应面极广。

（三）柠檬汁

柠檬，又称为黎檬子、宜母子、宜檬子、柠果等，是芸香科柑橘属常绿灌木或小乔木。枝少刺或近无刺，果实呈黄色，椭圆形或卵形，两端尖，顶部通常较长并有乳头状突尖，果皮厚，粗糙，难剥离，富含柠檬香气，味道极酸。柠檬原产于马来西亚，后被引入欧美地区和中国沿海地区，其果实被加工成果汁或提取柠檬酸，常用于烹饪调味。

在中国，宋代典籍已有柠檬的记载。苏轼《东坡志林》言："吾故人黎錞……然为人质木迟缓，刘贡父（刘攽）戏之为'黎檬子'，以谓指其德，不知果木中真有是也。""黎檬子"本是刘攽给黎錞所起的绰号，苏轼在海南时因看见当地的"黎檬子"而想起二人。宋代范成大《桂海虞衡志》中称柠檬为"黎朦子"："如大梅，复似小橘，味极酸。"至元代，吴莱《岭南宜濛子解渴水歌》一诗言："广州园官进渴水，天风夏热宜濛子。百花酝作甘露浆，南国烹成赤龙髓。"宜濛即柠檬。在夏季炎热的广州，柠檬水成为人们十分喜爱的饮料。清代赵学敏《本草纲目拾遗》将柠檬称为"宜母果"，指出其可"制为浆，辟酷暑，又能解渴""汁可代醋"。可见，清代时柠檬已在烹调中得到应用。在四川，古代有关柠檬的记载相对较少。至清末，傅崇矩《成都通览》"外地果品糖汁"条中载有"柠檬糖汁"："柠檬西名蕾门，出欧洲迤南及印度海岛等处者最佳。此糖汁乃以连皮蕾门用西法取汁熬制，不特气味香美，且能行气祛风，清火解热，开味消积，止呃润喉，多服并治青腿牙疳。春冬取一小匙用热开水冲饮，夏秋用凉开水冲，可以避暑、清心，非常爽利。"可见，当时用柠檬制作的糖汁已经在民间有着一定的市场。1929年，四川安岳县人邹海帆将尤力克柠檬引入家乡，并在其父邹江亭的精心培育下，培养出了适合安岳生态条件的优良株系——安岳柠檬。从此，安岳柠檬成为最受国人喜爱的柠檬品种，邹江亭和安岳县也被赞誉为"安岳柠檬之父"和"中国柠檬之都"。时至今日，安岳县柠檬种植面积已达近50万亩（1亩≈667m^2），年产量占全国的80%以上，其果实不仅用来制成柠檬油、柠檬酒、柠檬醋、柠檬茶和柠檬饮料等产品，还加工成汁或片，用于菜点的调辅料。如将少许柠檬汁放入切碎、易变褐的蔬菜水果中搅拌，能防止褐变，互不粘连；放入切好的肉中拌匀，能使肉质柔嫩，提鲜增香；在食用海鲜和烤鱼、烤肉配以柠檬汁，既可去腥除异，又能分解、中和致癌物亚硝胺、减轻烤制食物的健康风险。此外，四川厨师以柠檬鲜果为调辅料，还研发了柠檬系列菜品，如柠檬鸡豆花、柠香排骨、柠檬烤鱼、柠檬酥排骨等菜肴和柠檬宴。可以说，柠檬目前在川菜中使用已变得更加多元。

（四）饴糖与蔗糖

甜味是除咸味外可单独成味的基本味。呈现甜味的物质有许多，如单糖、双糖、低聚糖、糖醇等。中国人最早使用的甜味基础性调味料是蜜、饴、饧、柘浆，到唐代及以后才使用糖霜、白糖等。在蔗糖还未普遍使用之前，包括巴蜀地区民众在内的中国人是以饴糖和蜂蜜作为甜味的主要来源。

饴糖，是由大麦、小麦、玉米、粟等粮食经发酵糖化而制成的，古代文献所涉及与饴糖相关的字主要有饴、饧、餦、粭等。饴糖早在先秦时期就已制作和使用。《诗经·大雅·绵》言："周原膴膴，堇荼如饴。"《礼记·内则》载："妇事舅姑，如事父母，枣、栗、饴、蜜以甘之。"汉代许慎《说文解字》载："饴，米蘖煎者也。"段玉裁注："蘖，芽米也。煎，熬也。以芽米熬之为饴。"刘熙载《释名》言："饧，洋也，煮米消烂，洋洋然也。饴，小弱于饧，形怡怡也。"到魏晋南北朝时期，饴糖的制作方法已较多，工序有繁有简。北魏贾思勰《齐民要术》（卷九十《饧铺》）记述了白饧、黑饧、琥珀饧等5种制作方法，以及发芽、浸米、蒸米、糖化、过滤、煮饴、搅拌、加工等制作过程，工序较为复杂，与现代制作方法基本相同。而崔浩《食经》记述的方法较为简便："取黍米一石，炊作黍（饭）， 着盆中。蘖末一斗，搅和。一宿得（汁）一斛五斗，煎成饴。"经过唐宋的发展，到明清时期，饴糖的制作技术已更加娴熟，所用原料丰富，品质优良。明代宋应星《天工开物》专门记载了饴糖的制作："凡饴饧，稻、麦、黍、粟皆可为之……其法用稻、麦之类浸湿，生芽暴干，然后煎炼调化而成。色以白者为上。"在四川，人们烹调菜肴使用饴糖的历史悠久。魏晋南北朝时期，蜀人制作菜肴时就常用饴糖来调味。魏文帝曹丕《与朝臣诏》言："新城孟太守道蜀腊肫、鸡、鹜味皆淡，故蜀人作食，喜着饴蜜，以助味也。"如今，饴糖仍然作为甜味调味料用于川菜烹调之中，主要用在烧烤菜肴的上色、增味和面点小吃的制作，代表品种如软烧鸭子、叉烧乳猪、凉蛋糕、提丝发糕。此外，饴糖也是制作甜红酱油的重要调味料。甜红酱油，又称"甜酱油"，是以黄豆制成酱坯且加入饴糖、红糖、食盐、香料、酒曲等制成，味道咸

沙糖

从所引记载可知，人们利用甘蔗汁来制饴、饧，甚至沙糖、石蜜，一直在不停地进行探索。

中带甜，香味浓郁，酱汁稠浓，是许多小吃的重要调味料。

蔗糖，因其最早是从甘蔗的液汁中发现而得名。中国南方是盛产甘蔗的地方，先秦时期就已将甘蔗榨汁来使用。战国时的《楚辞·招魂》记载：“胹鳖炮羔，有柘浆些。”“柘浆”即甘蔗汁。汉魏南北朝时期，则将甘蔗制作成块状的石蜜来使用。汉代张衡《七辩》中的“沙饧石蜜”句，表明当时已能将甘蔗汁制成稀薄的并带固体结晶“沙”的蔗饧，甚至可制成糖块状的“石蜜”。汉代广东人杨孚《异物志》言：甘蔗，“榨取汁如饴饧，名之曰糖，益复珍也。又煎而曝之，既凝如冰，破如塼（砖），其食之，入口消释，时人谓之石蜜也”。从所引记载可知，人们利用甘蔗汁来制饴、饧，甚至沙糖、石蜜，一直在不停地进行探索。而糖霜作为白糖的前身，则是在唐代才出现的，而且是唐太宗李世民下令派人到印度学习蔗糖制造技术后发展起来，并由居住在四川遂宁县的一位姓邹的和尚将制蔗糖工艺完善的。《新唐书》（卷三百二十一《摩揭陀国》）载：“太宗遣使至摩伽陀取其法，令扬州上诸蔗柞渖如其剂，色皆逾西域远甚。”而宋代王灼《糖霜谱》则记载了唐代大历年间邹和尚在四川遂宁发明糖霜之事，并且详细记载了用蔗糖制作糖霜的方法，成为中国现存最早的一部介绍以甘蔗制糖方法的专著。所谓糖霜，本指糖的颜色白如霜。将甘蔗榨汁熬制后，清者称为蔗糖，凝结有沙者称为沙糖，沙糖中轻白如霜者则称为糖霜。因蔗糖、沙糖都是带紫色的，又被称作土红糖、紫砂糖，而糖霜则成为白糖、白糖、绵白糖、冰糖的前身。正因为在脱色、结晶等工艺上有了显著的技术进步，前人才把糖霜的出现当作制糖技术发展上了不起的大事。以“凝糖为业”的遂宁人在邹和尚的教导下，使得制蔗糖技术出现划时代的变化，四川的糖霜就闻名于各地了。许多史志、本草书都认为四川的糖霜为佳品。孔仲平《孔氏谈苑》言：“川中乳糖狮子，冬至前造者色白不坏。”即使是从四川造好后运到北宋首都汴梁，也得以完好保存，而不致溶化变形。宋代孟元老《东京梦华录》里介绍京城肆市也有卖“西川乳糖、狮子糖”的。唐慎微在《政和证类本草》书中亦言：“炼沙糖和牛乳为石蜜，即乳糖也。惟蜀川作之。”到清代至民国时期，四川是中国优质甘蔗、优质蔗糖的主要产地之一。据咸丰《简州志》载，当时四川简州已是“沿江之民种蔗作糖，州人多以致富”，所产的糖“其名甚多，《糖霜谱》不能尽纪”。民国《南溪县志》载，南溪县“滨江两岸，土宜种蔗，熬炼成糖，运销各地，父老相传，明代无有，清初粤人迁来者众，始由故乡携种来蜀，百年递衍，遂为大宗。县中富室之户，多以制糖起家”。邱民宣《观望丛祠劝业会竹枝词》有这样的记载：“行路手拿甘蔗嚼，刚才吃罢又沽糖。”此外，内江市更以大量出产优质白糖闻名，被誉为“甜城”。在四川，人们对蔗糖的使用在明清时期已较为普遍。清代李化楠《醒园录》记载，火腿酱法21、做肉松法22、蒸黏糕法41、西洋糕法42、茯苓糕法、山楂糕法45、蔷薇糕法45等，都用了白糖调味。曾懿《中馈录》载的制肉松法也有白糖。到如今，糖的种类主要有白糖、冰糖、红糖等，均可用于川菜烹调，尤其是以白糖、冰糖用得最多，起到提味、增色、除腥和使菜点滋味甜美等作用。白糖主要用作甜菜的调味料，代表品种有糖粘羊尾、玫瑰锅炸、核桃泥、银耳果羹等。冰糖主要作甜汤的调味料，代表性品种有冰糖燕窝、冰糖莲子等。此外，四川厨师也将糖作为甜味基础性调味料，不仅用来调制复合味型，如糖醋味、荔枝味、怪味等都离不开糖的使用，也用来制作面点小吃，代表性面点小吃有赖汤圆、三大炮、甜水面、糖油果子等。

（五）蜂蜜

蜂蜜，又称蜂糖、蜜糖、百花精、众口芝等，由蜜蜂采集植物蜜腺分泌的汁液酿成，是一种理想的保健食品和甜味调味料。蜂蜜主要含有果糖、葡萄糖以及麦芽糖、糊精、树胶和多种微量元素，主要用于蜜制的甜菜和糕点。

早在先秦时期，中国人就已采用蜂蜜制作菜点。《楚辞·招魂》言：“粔籹蜜饵，有餦餭些。”王逸注：“言以蜜和米面熬煎作粔籹，捣黍作饵。”汉魏南北朝时期，蜂蜜已被分为多个品种，有“岩蜜”“石蜜”“石饴”等名称，《神农本草经》将“石蜜、蜂子、蜜蜡”列为上品，指出其有“治邪气，安五脏诸不足，益气补中、止痛解毒、除百病、和百药，久服强志轻身，不老延年”之功效，且“多服久服不伤人”。此时，巴蜀地区已盛产蜂蜜。左思《蜀都赋》说：“蜜房郁毓被其阜。”据晋代常璩《华阳国志》载，当时的涪陵郡、梓潼郡和武都郡都出产蜂蜜，宕渠郡则出产石蜜。唐代苏敬等撰、尚志钧辑校《新修本草》言：“石蜜即崖蜜也。高山岩石间作之，色青、赤，味小碱，食之心烦。其蜂黑色似虻。又木蜜，呼为食蜜，悬树枝作之，色青白，树空及人家养作之者，亦白而浓厚，味美。凡蜂作蜜，皆须人小便以酿诸花，乃得和熟，状似作饴须蘖也。又有土蜜，于土中作之，色青白，味碱。今出晋安檀崖者，多土蜜，云最胜。”由此可见，石蜜、木蜜和土蜜都是蜂蜜。巴蜀地区的蜂蜜分为家蜜和野蜜两种。家蜜是出自人工饲养的蜜蜂。据晋代张华《博物志》记载：“诸远方山郡幽僻处出蜜蜡，人往往以桶聚蜂，每年一取。远方诸山出蜜蜡处，其处人家有养蜂者，其法以木为器，中开小孔，以蜜蜡涂器，内外令遍。春月，蜂将生育时，捕取三两头著器中，数宿蜂飞去，寻将伴来，经日渐溢，遂持器归。”可见，当时蜜蜂的人工养殖及蜂蜜的提取技术都已经十分成熟。野蜂蜜是由野生蜂酿造的蜂蜜。由于野生蜂筑巢的地点经常选择在向南的山麓或山腰的树洞、岩洞和土洞中，因而又有木蜜、岩蜜和土蜜之别。唐宋时期，巴蜀是全国重要的蜂蜜产区。宋代苏颂撰、胡乃长等辑注《图经本草》中记述了石蜜的产地：“生武都山谷及诸山中，今川蜀、江南、岭南皆有之。石蜜即崖蜜也，其蜂黑色。”据《新唐书·地理志》《通典》《元和郡县图志》和《太平寰宇记》等书记载，通州、集州、璧州、夔州出产“蜜”，文州、翼州、涪州出产“白蜜”，眉州、巴州出产“石蜜”。至清代，四川出产蜂蜜类产品的地区也十分众多，据清末傅崇矩《成都通览》“外来农业陈列物品”记载，涉及23个州县，可见当时蜂蜜生产的地区依然十分广泛。《成都通览》“外来农业陈列物品”所载出产蜂蜜州县统计表：

表1　四川出产蜂蜜州县表

所属州县	出产的蜂蜜类产品
西昌县	蜂糖
犍为县	蜜
绵州	蜜
渠县	蜂蜜
南部县	蜂蜜
邛州	蜂蜜
万县	蜂糖
荥经县	蜂蜜
眉州	蜂蜜
洪雅县	蜂蜜
石砫厅	蜂蜜
安县	白蜜
雅安县	米蜂蜜
奉节县	蜂蜜
永宁县	蜜
雷波厅	蜂蜜
广元县	白蜂蜜
巴州	蜜
合江县	菜花蜂蜜
青神县	蜂糖
灌县	蜂蜜
巴县	蜂蜜
天全州	蜂蜜

四川人以蜂蜜来烹调的历史也十分悠久。在汉魏南北朝至唐宋时期，巴蜀民间都十分喜爱吃甜食。魏文帝曹丕《与朝臣诏》引新城孟太守言，就指出“蜀人作食，喜着饴蜜，以助味也”。此后，宋陆游《老学庵笔记》（卷七）记载：“食皆蜜也，豆腐、面筋、牛乳之类，皆蜜渍食之，客多不能下箸。惟东坡性亦酷能嗜蜜，能与之共饱。”刘孝仪《谢东宫赉橘启》亦云：“岂如蜀食待饴蜜而成甜也。”时至今日，蜂蜜依然是川菜烹饪中的甜味基础性调味品之一，它可以代替食糖，在炸制菜肴时充当涂料，以增加皮层的脆度并使色泽漂亮，也常用于糕点和蜜制甜菜的调味，代表品种有白蜂糕、香山蜜饼、蜜汁酿藕、蜜汁桃脯等。

参考文献

[1]（汉）刘熙. 释名[M]. 北京：中华书局，1985.
[2]（汉）杨孚. 异物志[M]. 北京：中华书局，19856.
[3]（汉）史游. 急就篇[M]. 长沙：岳麓书社，1989.
[4]（汉）崔寔. 四民月令校注[M]. 石声汉，注释. 北京：中华书局，2013.
[5]（晋）常璩. 华阳国志校注[M]. 刘琳，校注. 成都：巴蜀书社，1984.
[6]（晋）张华. 博物志校正[M]. 范宁，校正. 北京：中华书局，1980.
[7]（北魏）贾思勰. 齐民要术（饮食部分）[M]. 石声汉，今释. 北京：中国商业出版社1984.
[8]（唐）韩鄂. 四时纂要[M]. 北京：农业出版社，1981.
[9]（唐）冯贽. 云仙杂记[M]. 北京：中华书局，1985.
[10]（唐）段成式. 酉阳杂俎[M]. 方南生，点校. 北京：中华书局，1981.
[11]（宋）苏轼. 苏轼文集编年笺注[M]. 李之亮，笺注. 成都：巴蜀书社，2011.
[12]（宋）陆游. 陆游全集校注[M]. 涂小马，校注. 杭州：浙江教育出版社，2011.
[13]（宋）范成大. 范成大笔记六种[M]. 孔凡礼，点校. 北京：中华书局，2003.
[14]（宋）吴曾. 能改斋漫录[M]. 上海：上海古籍出版社，1960.
[15]（宋）曹学佺. 蜀中广记·外六穜2[M]. 上海：上海古籍出版社，1993.
[16]（宋）李昉，扈蒙，徐铉，等. 太平广记[M]. 北京：中华书局，1961.
[17]（宋）李昉等. 太平御览[M]. 北京：中华书局，1960.
[18]（宋）陈元靓. 事林广记[M]. 南京：江苏人民出版社，2011.
[19]（宋）乐史. 太平寰宇记[M]. 王文楚，校. 北京：中华书局，2007.

[20]（宋）浦江吴氏. 吴氏中馈录[M]. 孙世增，唐艮，注释. 北京：中国商业出版社，1987.
[21]（宋）林洪. 山家清供[M]. 乌克，注释. 北京：中国商业出版社，1985.
[22]（元）倪瓒. 云林堂饮食制度集[M]. 邱庞同，注释. 北京：中国商业出版社，1984.
[23]（元）无名氏. 居家必用事类全集[M]. 邱庞同，注释. 北京：中国商业出版社，1986.
[24]（元）韩奕. 易牙遗意[M]. 邱庞同，注释. 北京：中国商业出版社，1984.
[25]（元）无名氏. 居家必用事类全集[M]. 邱庞同，注释. 北京：中国商业出版社，1986.
[26]（元）忽思慧. 饮膳正要[M]. 刘玉书，点校. 北京：人民卫生出版社，1986.
[27]（明）李时珍. 本草纲目[M]. 刘衡如，点校. 北京：人民卫生出版社，1982.
[28]（明）高濂. 遵生八笺[M]. 兰州：甘肃文化出版社，2004.
[29]（明）宋诩. 宋氏养生部饮食部分[M]. 陶文台，注释. 北京：中国商业出版社，1989.
[30]（明）邝璠. 便民图纂[M]. 北京：农业出版社，1959.
[31]（清）阮元. 十三经注疏 [M]. 北京：中华书局，1980
[32]（清）徐松辑. 宋会要辑稿[M]. 北京：中华书局，1997.
[33]（清）黄云鹄. 粥谱（二种）[M]. 邱庞同，注释. 北京：中国商业出版社，1986.
[34]（清）童岳荐. 调鼎集[M]. 张延年，校注. 郑州：中州古籍出版社，1988.
[35]（清）李化楠. 醒园录[M]. 李调元，刊行. 北京：中国商业出版社，1984.
[36]（清）曾懿. 中馈录[M]. 北京：中国商业出版社， 1984.
[37]（清）朱彝尊. 食宪鸿秘[M]. 邱庞同，注释. 北京：中国商业出版社，1985.
[38]（清）佚名. 筵款丰馐依样调鼎新录[M]. 胡廉泉，注释. 北京：中国商业出版社，1987.
[39]（清）徐珂. 清稗类钞[M]. 北京：中华书局，2003.
[40]（清）赵学敏. 本草纲目拾遗[M]. 北京：中国中医药出版社，2007.
[41]（清）傅崇钜. 成都通览[M]. 成都：巴蜀书社，1987.
[42]（清）徐心余. 蜀游闻见录[M]. 成都：四川人民出版社，1985.
[43] 林志茂，等. 民国三台县志[M]. 成都：巴蜀书社，1992.
[44] 林孔翼. 成都竹枝词[M]. 成都：四川人民出版社，1986.
[45] 林孔翼，沙铭璞. 四川竹枝词[M]. 成都：四川人民出版社，1989.
[46] 任乃强. 四川上古史新探[M]. 成都：四川人民出版社，1988.
[47] 四川省郫县志编纂委员会. 郫县志[M]. 成都：四川人民出版社，1989.
[48] 李卫星，李典军. 珍珠流淌 长江流域的物产宝藏[M]. 武汉：长江出版社，2014.
[49] 江玉祥. 蜀椒考——川味杂考之三 [J]. 中华文化论坛，2001，（3）：25.
[50] 李日强. 胡椒贸易与明代日常生活[J]. 云南社会科学，2010（1）：127-131.
[51] 吴松弟. 宋代以来四川的人群变迁与辛味调料的改变[J]. 河南大学学报（社会科学版），2010，（1）：93-94.

味之道

川菜味型与调味料研究

咸鲜味型
五香味型
煳辣味型
酸辣味型
茄汁味型
椒麻味型
怪味味型
麻辣味型
鱼香味型
红油味型
麻酱味型
蒜泥味型
酱香味型
烟香味型
糖醋味型
芥末味型
姜汁味型
家常味型
咸甜味型
荔枝味型
陈皮味型
甜香味型
香糟味型
椒盐味型

第四章 川菜复合调味料的制作及运用

川菜复合调味料，是指以两种或多种基本调味料为原料，添加或不添加辅料而加工制成的具有多种味道、在川菜烹调中起综合性调味作用的调味料，其创制和运用历史悠久。元代时，以豆豉与清麻油、花椒末、胡椒末、干姜末、桔皮、葱白等制成的“成都府豉汁”作为复合调味料已颇具声名，元代无名氏《居家必用事类全集·饮食类》详细记载了它的制作方法，并且说“香美绝胜”。在中国首次正式使用“复合调味料”一词是在20世纪80年代，现代川

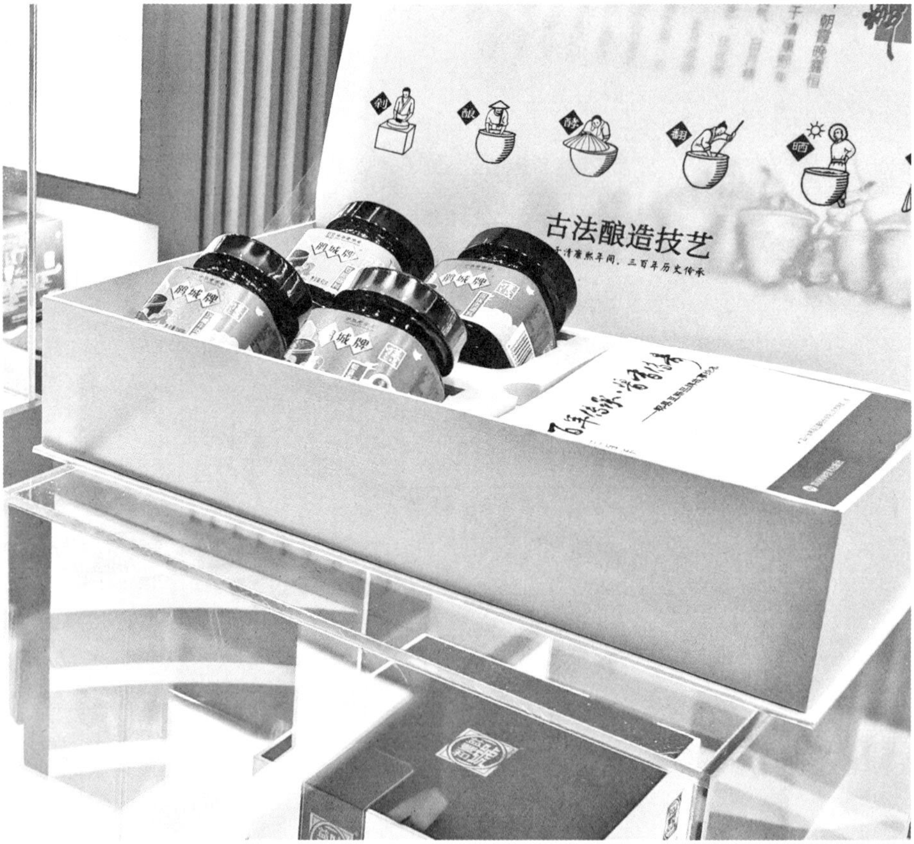

菜复合调味料也同时出现。据鲁肇元、杨立苹、李月《复合调味料及其产品开发》一文指出，1982—1983年，天津市调味品研究所开发了专供烹调中式菜肴的“八菜一汤”复合调味料，即清炒虾仁调料、咖喱鸡丁调料、酱爆肉丁调料、虾籽豆腐调料、糖醋鱼调料中、鱼香肉丝调料、番茄肉片调料、辣子鸡丁调料、酸辣汤调料，并开始使用“复合调味料”这个专用产品名称。在这“八菜一汤”复合调味料中，鱼香肉丝调料、糖醋鱼调料、辣子鸡丁调料、酸辣汤调料等都是川菜复合调味料。此后，随着社会、经济和科技的快速发展和生活水平的提高，川菜行业不断繁荣，许多川菜企业和调味品企业为了适应和满足川菜快速高效和品质稳定的调味需求，根据川菜特色味型及菜点风味，研发出品类丰富多样、通用性与专用性兼备的众多川菜复合调味料，主要包括通用预制复合调味料、专用菜点复合调味料、佐餐复合调味料等。本章主要以通用预制复合调味料和专用菜点复合调味料两个类别为研究对象，不仅收集、整理现有的川菜复合调味料品种，较为详细地阐述其配方、制法、加工制作要求和在川菜中的运用案例，而且探讨一些创新复合调味料的研发及运用情况，供交流与参考。

第一节 | 川菜现有通用预制复合调味料调制及运用

一、川菜现有通用预制复合调味料概述

川菜通用预制复合调味料，是指以两种或两种以上基本调味料为原料，添加或不添加辅料而加工制成的在川菜菜品烹调中用途较为广泛的调味料。它大多以传统手工提前调制，然后用于川菜的菜肴、面点小吃和火锅的烹调之中。目前，已有一些川菜通用预制复合调味料采用工业化生产，并在市场上大量销售（见表2）。虽然它们所用调味的原辅料及加工制作方式与传统手工制作的方式有所不同，但其风味却基本一致，并且更易于大规模、方便快捷地使用，因此受到川菜业界和消费者喜爱。

表2　川菜现有通用预制复合调味料一览表

产品名称	产品配方	产品图片示例
辣椒油	植物油，四川红椒，熟芝麻，香辛料	
剁椒酱	辣椒，菜籽油，大豆油，食用盐，味精，鸡精调味料，酿造酱油，姜，大蒜，葱，芝麻，花生，白糖，花椒等	
干锅香辣酱	食用植物油，红油豆瓣酱，豆豉，生姜，辣椒粉，大蒜，食用盐，白糖，香辛料，食品添加剂	
豆瓣蘸粉	干辣椒，植物油，芝麻，大豆，花生，郫县豆瓣，鸡精调料，白糖，食用香精，香辛料，谷氨酸钠，5'–呈味核苷酸二钠	
蒜蓉辣椒酱	辣椒，大蒜，植物油，芝麻油，味精，大蒜，芝麻，酿造酱油，盐渍辣椒，鸡精，食用盐等	

续表

产品名称	产品配方	产品图片示例
藤椒酱	植物油，饮用水，青线椒，泡小米辣，鸡精，菠菜，葱，姜，白糖，藤椒，香辛料，食品用香精	
香辣酱	植物油，豆豉，食盐，牛肉，花生，谷氨酸钠，柠檬酸，苯甲酸钠	
蒜蓉酱	新鲜大蒜，食用植物油，食用盐，味精，白糖，山梨酸钾，5'–呈味核苷酸二钠	
复制红酱油	酱油，红糖、八角，山柰，草果等	
香辣酱	酿造酱油，辣椒，菜籽油，水，谷氨酸钠，芝麻，花椒，胡椒，八角，香辛料，柠檬酸，山梨酸钾	

以下选择目前已在川菜企业中常用且具有代表性的部分川菜通用预制复合调味料，分为麻辣类、辛香类、咸香及其他等类别，主要阐述其配方、传统手工调制方法、加工制作要求和运用案例。相较于工业化预制复合调味料产品，以传统手工调制方法制作的预制复合调味料在配方和加工工艺上均有一定的差异，其传统手工调制时通常不使用香精和食品添加剂，加工工艺设置上也极少涉及延长产品保质期的杀菌环节。

二、麻辣类预制复合调味料

麻辣类预制复合调料主要包括辣味、麻味、麻辣味三个类别的预制复合调料。

（一）辣椒油

辣椒油，又称红油、熟油辣椒。国内贸易行业标准《辣椒油》（SB/T 11192—2017）指出，辣椒油的定义是以辣椒、食用植物油为主要原料，经加工而成的调味品。辣椒油是川菜常备的预制复合调料，具有色泽红亮、香辣浓郁的特点，多用于凉拌菜和小吃。辣椒油因菜品的不同，配方有所调整，这里列举的是普适性较强的辣椒油做法。

1. 辣椒油的配方

菜籽油5 000g、干辣椒粉1 000g、姜片50g、葱段80g、八角5g、桂皮5g、草果5g、白蔻2g、香叶2g

2. 辣椒油的制法

（1）干辣椒粉倒入不锈钢桶中，加入八角、桂皮、草果、白蔻、香叶。

（2）菜籽油放入锅中烧至230～240℃，关闭火源，待温度降到180～190℃时放入姜片、葱段炸香后捞出。

（3）待油温下降到160℃时，将50%的油倒入装有干辣椒粉的不锈钢桶中搅匀，剩余的50%油待油温降到150℃时再倒入其中并搅匀，放置3天后即可使用。

3. 加工制作要求

（1）干辣椒粉可选用二荆条、朝天椒、小米辣椒，将三种辣椒按照一定的比例混合后加工成粗辣椒粉。

（2）菜籽油应分两次加入，第一次温度较高，烫出辣椒的香味；第二次温度稍低，烫出辣椒的色泽和辣味。

（3）还可加入白芝麻增香。

4. 辣椒油的运用

主要用于调制辣中带香的风味，有增色、增香、去腥、压异等作用，适宜拌、炒、熘、煸、烧等类菜品。代表性菜品有红油鸡片、红油耳片、夫妻肺片、蒜泥白肉、怪味兔丁、麻辣鸡块、凉拌折耳根、酸辣马齿苋、淋味春卷、担担面、川北凉粉等。

菜例：红油鸡片

食材配方

鸡肉250g、竹笋100g、辣椒油50g、食盐3g、酱油10g、白糖10g、味精1g、芝麻油5g、熟芝麻3g

操作步骤

①竹笋焯水，捞出、晾凉，片成薄片，装入盘中垫底。

②鸡肉洗净，入锅煮熟后捞出，晾凉，片成长约10厘米、宽6厘米的薄片，放在竹笋片上。

③辣椒油、食盐、酱油、白糖、味精、芝麻油、熟芝麻入碗，调匀成红油味汁，淋在耳片上即成。

成菜特点

色泽红亮，鸡片细嫩，咸鲜香辣微甜。

（二）豆瓣红油

豆瓣红油是指以郫县豆瓣、辣椒、洋葱、植物油为原料经特殊工艺制成的复合调味油，具有色泽红亮、辣香与酱香浓郁的特点，多用于凉拌菜、红烧类菜、冒菜等。

1. 豆瓣红油的配方

菜籽油5 000g、郫县豆瓣1 000g、辣椒粉500g、洋葱200g、姜100g、葱100g、白芝麻200g、八角5g、桂皮5g、草果5g、白蔻2g、小茴香2g、香叶2g

2. 豆瓣红油的制法

（1）洋葱、姜、葱分别洗净，切碎。

（2）锅中放油烧热，放入辣椒粉、郫县豆瓣、八角、桂皮、草果、白蔻、小茴香、香叶炒香，入洋葱、姜、葱炒香，入白芝麻炒香即可。

3. 加工制作要求

（1）控制好油温，以免郫县豆瓣、辣椒粉炒焦。

（2）放置1天后使用效果更佳。

4. 豆瓣红油的运用

主要用于调制辣香、酱香风味，有增色、增香、去腥、压异等作用，适宜拌、烧、冒等类菜品。代表性菜品有郫县豆瓣卤汁鸡、麻辣冷串、红烧兔、土豆烧牛肉、青豆烧老鸭、什锦冒菜等。

菜例：麻辣冷串

食材配方

熟鸡肉100g、熟鸡胗100g、熟去骨鸡脚100g、熟藕片100g、熟土豆片100g、熟鹌鹑蛋100g、熟水发木耳100g、熟青笋100g、熟花菜100g、食盐10g、白糖5g、味精1g、豆瓣红油300g、藤椒油20g、芝麻油10g、鲜汤350g、熟白芝麻10g

操作步骤

① 食盐、味精、白糖、豆瓣红油、藤椒油、芝麻油、鲜汤调成麻辣味汁。

② 熟鸡肉、熟鸡胗分别切成小片，与其他食材分别穿成串。

③ 将各类食材入麻辣味汁中，撒入熟白芝麻，浸泡10min即可。

成菜特点

色泽红亮，麻辣咸鲜，香味浓郁。

（三）泡椒红油

泡椒红油是指用泡辣椒、干辣椒、辛香料、植物油等为原料经特殊工艺而制成的复合调味油，具有色泽红亮、香辣不燥、泡椒风味浓郁的特点，多用于泡椒风味菜品，起增色增浓的效果。

1. 泡椒红油的配方

色拉油5 000g、泡辣椒1 500g、干小米辣椒500g、花椒100g、姜200g、葱250g、蒜250g、洋葱250g、八角5g、草果5g、桂皮3g、小茴香2g、香叶1g

2. 泡椒红油的制法

（1）干小米辣椒洗净、入锅，加盖煮30min，捞出后沥干水分，搅碎。

（2）泡辣椒、姜、蒜、洋葱分别剁碎；草果拍破、去籽；桂皮切小块。

（3）锅置火上，入色拉油、小米辣椒、泡辣椒、姜、葱、蒜、洋葱、花椒、八角、草果、桂皮、小茴香、香叶，用小火炒约1h至色红、香味浓郁后倒出，静置晾凉，取油即可。

3. 加工制作要求

（1）掌握好煮小米辣椒的软硬度，以干小米辣椒变软为度，搅碎时可加入适量的色拉油。

（2）炒料时需控制好油温和时间，应炒香而不焦。

4. 泡椒红油的运用

主要用于调制泡椒风味，有增色、增香、增浓、去腥、压异等作用，适宜炒、熘、烧等类菜品。代表性菜品有泡椒鸡杂、泡椒腰片、泡椒鱼花、泡椒墨鱼仔、泡椒兔丁等。

菜例：泡椒鸡杂

食材配方

鸡胗100g、鸡肝100g、鸡心100g、水发木耳50g、青椒50g、泡辣椒50g、泡姜20g、大葱20g、大蒜10g、料酒10g、酱油5g、胡椒粉0.5g、食盐4g、白糖2g、醋3g、水淀粉15g、干淀粉8g、泡椒红油60g

操作步骤

①水发木耳切成片；青椒切成小块；泡辣椒、大葱分别切马耳朵形；泡姜、大蒜分别切指甲片。

②鸡胗、鸡肝、鸡心洗净，分别切片，入食盐1g、料酒3g、干淀粉拌匀。

③料酒7g、胡椒粉、食盐3g、酱油、白糖、醋、水淀粉入碗，调成芡汁。

④锅置火上，入泡椒红油烧至160℃，放入鸡胗、鸡肝、鸡心炒熟，入泡辣椒、泡姜、大蒜、大葱炒香，入水发木耳、青椒炒熟，烹入芡汁，收汁亮油，起锅装盘成菜。

成菜特点

色泽红亮，鸡杂细嫩，咸鲜微辣，具有泡椒特殊的香味。

（四）火锅红油

火锅红油是指用干辣椒、干花椒、辛香料、植物油等为原料经特殊工艺而制成的复合调味油。具有色泽红亮、麻辣香浓的特点，多用于火锅类菜品。

1. 火锅红油的配方

色拉油5 000g、干小米辣椒250g、干朝天椒250g、干花椒200g、姜100g、葱200g、八角20g、草果15g、桂皮10g、丁香10g、小茴香20g、白蔻12g、肉蔻10g、香果10g、香叶10g、荜拨10g、山柰10g、灵草10g、香草5g、排草5g

2. 火锅红油的制法

（1）干小米辣椒、干朝天椒、干花椒入锅，加盖煮30min，捞出、沥干水分，入搅拌机搅碎；姜拍破。

（2）草果拍破、去籽；香果拍破；灵草、香草、排草切短节；桂皮切小块。

（3）各种香料放入锅中略煮一会儿，捞出备用。

（4）锅置火上，放入色拉油烧热，入辣椒、花椒碎、姜、葱和香料，用小火炒约1h至色红、香味浓郁，倒出，静置晾凉，取油即可。

3. 加工制作要求

（1）掌握好干小米辣椒、干朝天椒、干花椒的软硬度，以干辣椒变软为度，搅碎时可加入适量的色拉油。

（2）炒料时需控制好油温和时间：常温～90℃，时间20min；90～95℃，时间10min；95～100℃，时间10min；100～105℃，时间10min；105～120℃，时间10min。

4. 火锅红油的运用

主要用于调制麻辣风味，有增色、增香、去腥、压异和增浓复合味感的作用，适宜麻辣火锅、麻辣干锅、麻辣香锅等类菜品。代表性菜品有麻辣火锅、肥肠鸡火锅、串串香火锅、干锅鸡、干锅兔、香辣蟹、香辣鸭脖等。

菜例：香辣鸭脖

食材配方

卤鸭脖1000g、洋葱100g、黄瓜100g、干辣椒节50g、花椒20g、葱段20g、姜片20g、蒜米30g、豆豉15g、香辣酱30g、食盐2g、鸡精2g、味精2g、芝麻油5g、熟芝麻5g、香酥花生仁碎20g、火锅红油500g、熟菜油1000g（约耗50g）

操作步骤

①卤鸭脖去皮，斩成长4cm的段；洋葱切成小块；黄瓜切成条。

②锅置火上，放熟菜油烧至150℃，放入卤鸭脖炸至酥香时捞出。

③锅置火上，放火锅红油烧至120℃，放入葱段、姜片、洋葱块、蒜米炒香，入豆豉、干辣椒节、花椒、卤鸭脖炒至香气四溢时下香辣酱炒香，入黄瓜条炒断生，入食盐、鸡精、味精、芝麻油炒匀后出锅，撒入熟芝麻、香酥花生碎即成。

成菜特点

色泽红亮，麻辣醇厚，香味浓郁。

（五）油酥豆瓣

油酥豆瓣是将辣豆瓣放入锅中加入植物油炒制而成，是川菜常备的预制复合调味料，具有色泽红亮、咸鲜香辣、酱香浓郁的特点，多用于汤类菜肴的蘸碟。

1. 油酥豆瓣的配方

郫县豆瓣100g、食用植物油300g

2. 油酥豆瓣的制法

（1）郫县豆瓣剁细。

（2）锅置火上，放油烧至120℃，放入郫县豆瓣，用中火炒至出香且油呈红色时出锅，装碗。

（3）使用时可据菜肴制作要求酌加酱油、白糖、味精、芝麻油、辣椒油、葱花。

3. 加工制作要求

（1）郫县豆瓣应先剁细。

（2）炒郫县豆瓣时应用中小火，应炒香且油呈红色，不能炒焦。

（3）使用时应根据豆瓣的含盐量来调整菜肴中食盐用量。

4. 油酥豆瓣的运用

主要用于调制辣香、酱香风味和制作味碟，有定咸、增色、增香、增浓复合味感的作用，适宜煮、炖等类菜。代表性菜品有萝卜连锅汤、过江豆花、清炖羊肉等。

菜例：过江豆花

食材配方

豆花500g、油酥豆瓣100g、花椒粉2g、味精3g、酱油10g、食盐2g、芝麻油10g、葱花50g

操作步骤

①豆花入锅煮沸，倒入汤碗。

②油酥豆瓣、花椒粉、味精、酱油、食盐、芝麻油入碗调成味汁，分装入10个味碟，撒上葱花，与豆花一同上桌蘸食。

成菜特点

豆花洁白，质地嫩滑，味道麻辣醇香。

（六）椒麻糊

椒麻糊是葱青叶与花椒按照一定比例混合铡细而成的一种预制复合调味料，色泽青绿，具有葱叶和花椒的自然香味，多用于调制椒麻味型和粉蒸类菜品。

1. 椒麻糊的配方

葱青叶100g、花椒5g、食用油30g

2. 椒麻糊的制法

（1）花椒入清水浸泡5min。

（2）花椒与葱青叶混合铡细成末，淋入130℃温油即可。

3. 加工制作要求

（1）葱应选用色泽碧绿的葱叶；花椒应去籽，入水浸泡至软。

（2）葱青叶与花椒应混合铡成细末，淋入的油温不宜过高。

（3）椒麻糊应及时使用，不宜久放。

4. 椒麻糊的运用

主要用于调制葱香和椒香味，有增香、提鲜、去腥、解腻等作用，适宜椒麻味型和粉蒸类菜品的调味。代表性菜品有椒麻鱿鱼卷、椒麻鸡丝、椒麻笋子、粉蒸肉、粉蒸牛肉等。

菜例：椒麻鸡丝

食材配方

熟鸡肉100g、竹笋50g、薄荷尖1个、椒麻糊45g、味精1g

操作步骤

①竹笋入沸水中煮熟，捞出，晾凉后撕成丝；熟鸡肉撕成丝。

②将味精加入椒麻糊搅匀，舀入盘中底部，在椒麻糊味汁上放竹笋丝、鸡丝，点缀薄荷尖即成。

成菜特点

色泽丰富，质地软脆，咸鲜微麻。

（七）双椒末

双椒末是干辣椒和花椒按照一定比例混合炸香后铡成碎末的一种预制复合调味料，具有色泽棕红、麻辣香浓的特点，是川菜中颇具特色的调味料，在麻辣味型中广泛使用。

1. 双椒末的配方

干辣椒节20g、花椒5g、食用油20g

2. 双椒末的制法

（1）锅置火上，放油烧至120℃，放入干辣椒节、花椒炸香，捞出、晾凉。

（2）将油炸后的干辣椒节、花椒放在菜墩上，用刀铡成碎末。

3. 加工制作要求

（1）干辣椒应去掉过多的籽。

（2）干辣椒、花椒应炒香，无焦煳状，晾凉后铡成碎末。

（3）可根据口味、喜好来适当调整干辣椒和花椒的比例。

4. 双椒末的运用

双椒末主要用于调制麻辣风味，有增香、去腥、解腻、增浓复合味感等作用，适宜水煮系列、炝炒、炝烧类菜品。代表性菜品有水煮肉片、水煮牛肉、炝锅鱼等。

菜例：炝锅鱼

食材配方

鳜鱼1尾（约500g）、姜片20g、葱段30g、大蒜30g、料酒10g、双椒末300g、花生碎100g、葱花30g、熟芝麻10g、食盐4g、盐焗鸡粉10g、鸡精3g、红油100g、食用油1 000g（约耗60g）

操作步骤

①鳜鱼洗净，用姜片、葱段、料酒、大蒜、盐焗鸡粉腌制30min。

②锅置火上，放油烧至180℃，入鳜鱼炸至表面酥脆、内成熟时捞出，装盘。

③锅置火上，放油烧至80℃，入双椒末炒香，入红油、食盐、鸡精、葱花、花生碎炒匀调味，浇在鱼表面上即成。

成菜特点

色泽红润，鱼肉质地细嫩，味道咸鲜麻辣，香味浓郁。

（八）剁椒酱

剁椒酱是由新鲜红辣椒剁碎腌制而成的一种复合调味料，具有色红、风味浓郁、肉质厚实、鲜辣爽口的特点，适合嗜辣人群，主要用于剁椒系列菜品。

1. 剁椒酱的配方

红尖椒1000g、蒜100g、姜100g、食盐100g、白糖25g、白酒25g

2. 剁椒酱的制法

（1）红尖椒洗净、晾干水分，剁碎；蒜、姜分别剁碎。

（2）将红尖椒、蒜、姜入盆，加入食盐、白糖、白酒搅拌均匀，装入玻璃容器后加盖密封，在室内发酵2天，再冷藏7天即可。

3. 加工制作要求

（1）红尖椒、姜、蒜在剁碎加工前应晾干水分。

（2）在加工过程中要保持器具清洁、干爽，不能留有油脂和生水。

（3）剁椒装入玻璃容器时不能太满，以免发酵后膨胀外溢。

4. 剁椒酱的运用

主要用于调制鲜辣风味，有去腥、解腻、增浓复合味感等作用，适宜剁椒系列菜品的制作。代表性菜品有剁椒鱼头、剁椒蒸鱼、剁椒蒸凤爪、剁椒蒸芋儿、剁椒拌黄瓜、剁椒拌面条等。

菜例：剁椒蒸芋儿

食材配方

芋儿500g、剁椒酱100g、食盐2g、食用油30g

操作步骤

①芋儿洗净，沥干水分，加入剁椒酱、食盐、食用油拌匀，装入蒸碗。

②将装有芋儿的蒸碗放入笼中，用旺火蒸至软熟即成。

成菜特点

色泽自然，鲜辣爽口。

（九）干锅香辣酱

干锅香辣酱是由郫县豆瓣、辣椒、食用植物油、辛香料等制作而成的一种复合调味料，具有色红、麻辣鲜香、香味浓郁持久的特点，可直接炒制，也可加高汤焖制，主要用于干锅系列菜品、麻辣味菜品的烹制，起增加风味的作用。

1. 干锅香辣酱的配方

郫县豆瓣1000g、糍粑辣椒500g、花椒粉30g、洋葱碎200g、姜末100g、蒜末150g、葱末200g、八角10g、草果10g、桂皮10g、丁香5g、小茴香5g、白蔻5g、沙姜5g、香果5g、香叶5g、山柰5g、孜然20g、冰糖200g、料酒100g、清水500g、芝麻油50g、菜籽油1000g、牛油500g

2. 干锅香辣酱的制法

（1）八角、草果、桂皮、丁香、小茴香、白蔻、沙姜、香果、香叶、山柰、孜然混合均匀，搅碎成末，制成香料粉。

（2）锅置火上，放入菜籽油、牛油烧至120℃，放入糍粑辣椒、郫县豆瓣炒制20min至酥香，入洋葱碎、姜末、蒜末、葱末炒香，入花椒粉、香料粉、冰糖炒香，入清水、料酒，用小火熬制成稠状、“吐油”，入芝麻油搅匀，出锅，倒入盛器即可。

3. 加工制作要求

（1）炒料时应用小火慢炒至香味浓郁、各味融合。

（2）控制好加水量及熬制火候。

（3）放置一段时间后使用的效果更佳。

4. 干锅香辣酱的运用

主要用于调制辣香风味，有去腥、增香、增浓复合味感的作用，适宜干锅系列菜品、麻辣味菜品的烹调。代表性菜品有干锅香辣蟹、干锅香辣虾、干锅鸡、干锅兔、干锅排骨等。

菜例：干锅香辣蟹

食材配方

梭子蟹1000g、洋葱50g、干锅香辣酱30g、干辣椒50g、花椒10g、葱段20g、姜片20g、蒜片30g、豆豉10g、食盐2g、料酒20g、鸡精2g、味精2g、芝麻油5g、熟芝麻5g、香酥花生仁碎20g、红油300g、干淀粉50g、香菜10g、熟菜油1000g（约耗50g）

操作步骤

①梭子蟹经宰杀后洗净，斩成长4块；洋葱切成小块。

②锅置火上，放熟菜油烧至160℃，将梭子蟹裹上干淀粉后放入，炸至酥香成熟时捞出。

③锅置火上，放红油烧至120℃，放入葱段、姜片、蒜片、洋葱块炒香，入豆豉、干辣椒、花椒、梭子蟹炒至香气四溢时下干锅香辣酱炒香，入食盐、料酒、鸡精、味精、芝麻油炒匀后出锅，撒入熟芝麻、香酥花生碎，点缀香菜即成。

成菜特点

色泽红亮，麻辣醇厚，香味浓郁。

（十）豆瓣黑椒酱

豆瓣黑椒酱是用郫县豆瓣粉、黑胡椒粉、黄油、淡奶油、植物油等制作而成的一种预制复合调味料，具有香中带辣的特点，主要用于肉类菜品的烹制。

1. 豆瓣黑椒酱的配方

郫县豆瓣粉30g、黑胡椒粉100g、黄油30g、淡奶油100g、洋葱50g、蒜10g、生抽20g、老抽10g、味精1g、清水50g

2. 豆瓣黑椒酱的制法

（1）洋葱、蒜入搅拌机搅打成蓉。

（2）锅置火上，放入黄油烧化，入黑胡椒粉、郫县豆瓣粉炒香，入洋葱、蒜蓉炒香，入清水、淡奶油、生抽、老抽、味精收汁浓稠即可。

3. 加工制作要求

（1）应用小火慢炒黑胡椒粉、郫县豆瓣粉，使其香味溢出。

（2）加入清水后可以适当多熬煮一会儿，使其香味溢出。

4. 豆瓣黑椒酱的运用

黑胡椒浓烈的香味和豆瓣的酱香、辣香完美融合，有去腥、增香、提鲜、增浓复合味感的作用，多用于肉类特别是牛肉菜品的制作。代表性菜品有豆瓣黑椒牛排、豆瓣黑椒鱼排等。

菜例：豆瓣黑椒牛排

食材配方

牛排300g、土豆50g、番茄1个、西兰花30g、豆瓣黑椒酱50g、水淀粉10g、鲜汤100g、食用油70g

操作步骤

①锅置火上，放油烧至100℃，放入豆瓣黑椒酱炒散，入鲜汤烧沸，入水淀粉收汁浓稠成豆瓣黑椒汁。

②土豆、番茄、西兰花入烤箱烤熟。

③牛排煎熟，切成厚片，摆放在盘中，淋上豆瓣黑椒汁，点缀烤土豆、番茄、西兰花即成。

成菜特点

色泽酱红，咸鲜微辣，具有豆瓣和黑椒混合的独特风味。

（十一）蒜蓉香辣酱

蒜蓉香辣酱是由新鲜辣椒、大蒜、食盐、食用油等制作而成的一种预制复合调味料，具有色泽红亮、鲜辣爽口、蒜味浓郁的特点，可以用于炒制、蒸制菜品，还可直接食用。

1. 蒜蓉香辣酱的配方

鲜小米辣100g、鲜二荆条100g、大蒜100g、食盐30g、白糖30g、白酒20g、食用油100g。

2. 蒜蓉香辣酱的制法

（1）鲜小米辣、鲜二荆条洗净，剁碎，放入搅拌机搅成蓉；大蒜放入搅拌机搅成蓉。

（2）锅中放油烧至100℃，放入辣椒蓉、蒜蓉炒制2～5min，入白酒、食盐、白糖炒匀即可。

3. 加工制作要求

（1）控制好炒辣椒蓉、蒜蓉的火候，以炒出蒜香为度，不宜久炒。

（2）须密封、冷藏保存。

4. 蒜蓉香辣酱的运用

主要用于调制辣香、蒜香风味，有去腥、提鲜、增浓复合味感的作用，适宜自身鲜味较好、加热时间短的食材如新鲜海产品类菜品的制作，也可用于轻食佐餐拌饭、拌面、夹馍等。代表性菜品有蒜蓉香辣虾、蒜蓉香辣扇贝、蒜蓉香辣鱿鱼须等。

菜例：蒜蓉香辣虾

食材配方

大虾300g、蒜蓉香辣酱60g、蒜蓉20g、葱花10g、食用油40g

操作步骤

①大虾去头和壳，保留尾部2节外壳，从中剖开至尾部带壳处。

②将大虾分开、尾部朝上，摆入盘中呈人字形，在虾肉两边放入蒜蓉香辣酱，淋入20g食用油，入笼蒸熟后取出，放上蒜蓉，浇上20g热油，撒上葱花即成。

成菜特点

色泽鲜艳，质地鲜嫩，鲜辣爽口，蒜味浓郁。

（十二）藤椒酱

藤椒酱是由藤椒、青尖椒、洋葱、食用油等制作而成的一种预制复合调味料，具有色泽碧绿、纯麻鲜香、藤椒味足的特点，适合嗜麻人群，主要用于藤椒系列菜品。

1. 藤椒酱的配方

干藤椒50g、鲜藤椒100g、青尖椒500g、洋葱100g、葱30g、姜20g、蒜30g、食盐70g、白糖5g、色拉油500g

2. 藤椒酱的制法

（1）干藤椒粒入搅拌机搅打成藤椒粉；青尖椒、洋葱、葱、姜、蒜分别洗净，加工成末。

（2）锅置火上，放油烧热，放入鲜藤椒浸炸至麻香味浓郁时捞出，入青尖椒、洋葱、葱、姜、蒜炒香，入食盐、藤椒粉、白糖和匀即可。

3. 加工制作要求

（1）青尖椒、洋葱、葱、姜、蒜应加工成细末，青尖椒也可加工成碎。

（2）炸鲜藤椒的油温不宜高，以出麻味、香味为度，以免炸焦。

（3）可以用藤椒油代替干藤椒、鲜藤椒。

4. 藤椒酱的运用

藤椒酱主要用于调制麻香风味，有去腥、提鲜、增香的作用，广泛用于冷热菜品，适宜自身鲜味较好的动植物食材调味。代表性菜品有藤椒鱼、藤椒鸡、藤椒米线、藤椒面条等。

菜例：藤椒米线

食材配方

湿米线200g、海带丝30g、黄豆芽30g、胡萝卜丝20g、藤椒酱30g、食盐5g、味精2g、鲜汤300g、葱花5g

操作步骤

①鲜汤入锅煮沸，加入食盐、味精、藤椒酱调味，倒入碗中。

②锅置火上，放入清水烧沸，放入湿米线煮熟，捞入碗中，再将海带丝、黄豆芽、胡萝卜丝入锅煮熟后捞入碗中，撒上葱花即成。

成菜特点

色泽丰富，米线滑爽，味道咸鲜麻香。

（十三）麻辣馋嘴酱

麻辣馋嘴酱是由郫县豆瓣、辣椒、花椒、辛香料与动植物油等制作而成的一种预制复合调味料，具有色泽红亮、麻辣味厚、香味浓郁的特点，适合嗜麻辣人群，主要用于麻辣味厚的热菜调味。

1. 麻辣馋嘴酱的配方

郫县豆瓣500g、糍粑辣椒250g、泡辣椒250g、海鲜酱50g、葱段50g、姜末30g、蒜末50g、豆豉末50g、醪糟汁30g、料酒50g、八角10g、桂皮10g、十三香10g、芝麻油40g、花椒粉10g、藤椒油30g、菜籽油500g、化鸡油100g、猪油

100g、牛油100g

2. 麻辣馋嘴酱的制法

（1）糍粑辣椒、郫县豆瓣、泡辣椒分别搅碎。

（2）锅置火上，放入菜籽油、化鸡油、猪油、牛油烧至温热，加入八角、桂皮、葱段、姜末、蒜末炒出香味，入糍粑辣椒、郫县豆瓣、泡辣椒碎、海鲜酱、豆豉末、十三香炒香，入醪糟汁、料酒、芝麻油、花椒粉、藤椒油，熬至香味浓郁即可。

3. 加工制作要求

（1）炒料时应以小火慢慢不停地翻炒，直至香味浓郁。

（2）花椒粉、藤椒油应在临出锅时加入。

4. 麻辣馋嘴酱的运用

主要用于调制麻辣风味，有去腥、增香、压异、增浓复合味感的作用，适宜麻辣味厚的热菜，特别是动物食材的调味。代表性菜品有麻辣馋嘴兔、麻辣馋嘴蛙、麻辣馋嘴鸡、麻辣馋嘴鱼等。

菜例：麻辣馋嘴蛙

食材配方

牛蛙1 000g、丝瓜100g、青笋100g、芹菜100g、麻辣馋嘴酱100g、干辣椒30g、青花椒10g、泡辣椒30g、泡姜20g、大蒜20g、食盐5g、酱油10g、白糖3g、料酒20g、味精5g、水淀粉20g、鲜汤500g、食用油100g

操作步骤

①牛蛙宰杀、洗净，斩成大块；丝瓜去皮，切成条；青笋切成条；芹菜切成节；泡辣椒切成段，泡姜切成片。

②锅置火上，放油烧至120℃，放入泡辣椒、泡姜、大蒜、麻辣馋嘴酱、干辣椒、鲜青花椒炒香，掺入鲜汤烧沸，入牛蛙、丝瓜、青笋、芹菜、食盐、酱油、白糖、料酒烧至牛蛙成熟入味，加入味精、水淀粉收汁，装碗即成。

成菜特点

色泽红亮，牛蛙细嫩，咸鲜麻辣，香味浓郁。

（十四）香辣蘸酱

香辣蘸酱是由辣椒、花椒、郫县豆瓣、洋葱辛香料及植物油等制作而成的一种预制复合调味料，具有色泽红亮、辣味刺激、香味浓郁的特点，适合嗜辣人群，主要用于蘸碟的调制。

1. 香辣蘸酱的配方

干辣椒100g、花椒30g、郫县豆瓣1 000g、洋葱150g、姜30g、蒜50g、葱花60g、十三香30g、白糖粉160g、胡椒粉6g、白酒30g、鸡粉20g、味精20g、芝麻油60g、花椒油20g、菜籽油1 000g

2. 香辣蘸酱的制法

（1）干辣椒、花椒入锅煮20min，捞出，搅成细末，制成糍粑辣椒。

（2）郫县豆瓣、洋葱、姜、蒜、葱花分别剁细成末。

（3）锅置火上，放入菜籽油烧至温热，入糍粑辣椒、郫县豆瓣、洋葱、姜末、蒜末、葱花，用小火炒至香酥，入十三香、白酒、白糖、胡椒粉炒香，入鸡粉、味精、芝麻油、花椒油炒匀即可。

3. 加工制作要求

（1）炒料时要不停翻炒，以免粘锅。

（2）应掌握好下料的先后顺序。

4. 香辣蘸酱的运用

主要用于调制辣香风味，有去腥、增香、提味、增浓复合味感的作用，主要作为汤锅、连锅、白煮类菜肴的蘸碟，也可用于红烧类菜品的烹调。代表性菜品有羊肉汤锅、萝卜连锅汤、白煮菜头等。

菜例：白煮菜头

食材配方

菜头1000g、香辣蘸酱100g、葱花10g、清水1 000g

操作步骤

①菜头去皮、洗净，切成滚刀块。

②香辣蘸酱装入味碟，放上葱花做成蘸碟。

③锅置火上，放入清水烧沸，入菜头煮熟，倒入汤碗，配上蘸碟食用。

成菜特点

色泽淡雅，质地细嫩，咸鲜香辣。

（十五）青辣椒酱

青辣椒酱是由新鲜青辣椒、大蒜、植物油等制作而成的一种预制复合调味料，具有色泽碧绿、咸鲜辣香的特点，适合嗜辣人群，主要用于蘸碟的调制。

1. 青辣椒酱的配方

新鲜青尖椒1 000g、大蒜30g、洋葱100g、食盐100g、白糖5g、胡椒粉2g、花椒3g、葱段30g、菜籽油500g

2. 青辣椒酱的制法

（1）新鲜青尖椒去蒂，入锅煸干水分且熟，捞出，切成小段后搅碎。

（2）大蒜、洋葱剁碎。

（3）锅置火上，放入菜籽油烧至温热，入花椒、葱段炒香后捞出不用，入青尖椒碎、大蒜碎、洋葱碎炒香，入食盐、白糖、胡椒粉炒匀即可。

3. 加工制作要求

（1）嗜辣者可以加入少量新鲜青小米辣。

（2）新鲜青尖椒也可以采用炭火烧烤至熟，突出烧椒香味。

4. 青辣椒酱的运用

主要用于调制鲜辣风味，有去腥、提味等作用，主要作为汤锅、豆花等菜肴的蘸碟，也可用于拌饭、拌面的调味。代表性菜品有排骨汤锅、清炖土鸡、蘸水豆花、青辣椒酱拌面等。

菜例：青辣椒酱拌面

食材配方

湿面条100g、大虾2只（约80g）、芦笋50g、青辣椒酱30g、青椒圈5g、红椒圈5g、三色堇1朵、豆苗2根

操作步骤

①大虾去头和壳，煮熟；芦笋切段，煮熟。

②锅置火上，入湿面条煮熟后捞出，沥干水分，加入青辣椒酱拌匀，卷成圆筒形后装入盘中，入大虾、芦笋，撒青椒圈、红椒圈，点缀三色堇、豆苗即成。

成菜特点

色泽丰富，面条质地筋道，鲜辣爽口。

二、辛香类预制复合调味料

（一）葱油

葱油是葱青叶或葱放入食用植物油中炸至而成的一种预制复合调味料，具有色泽浅绿、清香味鲜的特点，广泛用于冷热菜品和面点小吃。

1. 葱油的配方

葱青叶500g、食用油500～1000g

2. 葱油的制法

（1）葱青叶洗净，剁成细末。

（2）锅置火上，放油烧至150℃，放入葱青叶炸至香气溢出，出锅、晾凉。

3. 加工制作要求

（1）掌握好油与葱的比例。

（2）控制好油炸的温度及时间，炸至葱青叶色泽翠绿、清香味溢出、不焦为度。

（3）使用时捞出葱青叶，只用油调味。

4. 葱油的运用

主要用于调制葱香风味，有增香、提鲜、除腥膻等作用，适宜凉拌、白烧和烩类等菜。代表性菜品有葱油鸡、葱油青笋、葱油饼等。

菜例：葱油鸡

食材配方

三黄鸡肉300g、洋葱50g、葱油10g、食盐8g、酱油10g、白糖1g、味精2g、冷鸡汤200g。

操作步骤

①葱油、食盐、酱油、白糖、味精、冷鸡汤入碗，搅匀成味汁。

②洋葱洗净，切成丝，放入盘中垫底。

③锅置火上，入三黄鸡肉煮熟，捞出、晾凉后切成长条块，放在洋葱上，淋上味汁即成。

成菜特点

色泽浅黄，鸡肉细嫩，咸鲜清爽，有葱的清香味。

（二）姜油

姜油是以老姜、植物油等制作而成的一种预制复合调味料，具有色泽浅黄、辛辣香浓的特点，主要用于姜汁味类菜品的调味。

1. 姜油的配方

生姜200g、色拉油500g

2. 姜油的制法

（1）老姜洗净，沥干水分，切成薄片。

（2）锅置火上，放油烧至80～100℃，入姜片浸炸至金黄色、出香味时捞出，锅中的油倒入盛器，晾凉即可。

3. 加工制作要求

（1）生姜应选用水分含量少的小黄老姜，辛辣味更浓。

（2）浸炸时使用小火，保持恒温，使姜味更多地溢出。

4. 姜油的运用

主要用于调制辛辣风味，有去腥、提味、解腻等作用，适宜凉拌、炒、爆、熘、烧类菜肴。代表性菜品有姜汁豇豆、姜汁秋葵、姜汁热窝鸡、姜汁肘子等。

菜例：姜汁秋葵

食材配方

秋葵150g、姜末10g、小米辣圈10g、食盐3g、醋12g、酱油2g、味精0.5g、姜

油10 g、芝麻油3g、鲜汤30g、食用油5g

操作步骤

①秋葵洗净，切去两头，入沸水中焯熟后捞出，放入食用油拌匀，摊开晾凉，装入盘中。

②姜末、小米辣圈、食盐、醋、酱油、味精、姜油、芝麻油、鲜汤入碗，调成姜汁味汁，淋在秋葵上即成。

成菜特点

色泽碧绿，口感爽滑，咸酸辛辣。

（三）蒜油

蒜油是由大蒜、植物油等制作而成的一种预制复合调味料，具有蒜香浓郁的特点，主要用于蒜泥味类菜品的调味。

1. 蒜油的配方

大蒜500g、色拉油500g

2. 蒜油的制法

（1）蒜洗净，沥干水分，剁碎。

（2）锅置火上，放入色拉油、大蒜碎，用小火炒至大蒜碎变黄、蒜香溢出，倒入盛器，晾凉，取油即可。

3. 加工制作要求

（1）应选质地鲜嫩、味辛辣、坚实饱满、无损伤、无发芽、无腐烂的大蒜。

（2）炒制大蒜时应热锅冷油，以免粘锅。

（3）应控制好炒制的程度，以大蒜碎变黄即可，不宜久炒，以免发苦。

4. 蒜油的运用

主要用于调制辛辣味，有去异、增香、杀菌等作用，多用于凉拌菜和蒜香类热菜的制作。代表性菜品有蒜泥白肉卷、蒜泥黄瓜、蒜香排骨、蒜香酥皮肘、蒜香鱼条等。

菜例：蒜香排骨

食材配方

猪排500g、蒜泥50g、吉士粉5g、嫩肉粉1g、淀粉10g、食盐5g、姜片10g、葱段15g、料酒10g、蒜油20g、芝麻油5g、味精1g、食用油1 000g（约耗60g）

操作步骤

①猪排斩成长6cm的段，加入食盐、姜片、葱段、料酒、蒜泥、吉士粉、嫩肉粉、淀粉拌匀，码味30min。

②锅置火上，放油烧至180℃，放入排骨炸至金黄、外酥内熟时捞出。

③锅置火上，放油烧至100℃，入排骨、蒜油、芝麻油、味精炒匀即成。

成菜特点

色泽金黄，排骨外酥里嫩，味道咸鲜，蒜香浓郁。

（四）咖喱油

咖喱油是由咖喱粉、胡椒粉、郫县豆瓣粉、植物油等制作而成的一种预制复合调味料，具有色泽姜黄、香辛略辣的特点，主要用于咖喱类菜品的调味。

1. 咖喱油的配方

咖喱粉100g、胡椒粉8g、姜粉20g、郫县豆瓣粉30g、洋葱30g、蒜20g、色拉油500g。

2. 咖喱油的制法

（1）洋葱、蒜分别洗净，剁细。

（2）锅中放油烧至80～100℃，入洋葱末、蒜末炒香，入郫县豆瓣粉、姜粉、咖喱粉、胡椒粉炒香，起锅装入盛器，晾凉即可。

3. 加工制作要求

（1）炒料时油温要低，防止粘锅炒焦。

（2）咖喱油挥发性强，需及时使用，不宜久放。

4. 咖喱油的运用

咖喱油主要调制香辛味，有去腥、增辣的作用，适用于肉类、海鲜、蔬菜等多种食材，代表性菜品有咖喱香辣大虾、咖喱牛肉、咖喱烧鸡、咖喱蟹、咖喱土豆等。

菜例：咖喱香辣大虾

食材配方

大虾500g、青椒碎30g、甜椒碎30g、洋葱碎50g、辣椒粉20g、咖喱油20g、食盐5g、姜葱水10g、料酒10g、白糖2g、味精2g、芝麻油3g、熟芝麻3g、食用油1000g（约耗70g）

操作步骤

①大虾去头和壳，保留尾部，加入食盐2g、姜葱水、料酒拌匀，码味10min，入油锅炸至酥香时捞出。

②锅置火上，放油烧至120℃，入青椒碎、甜椒碎、洋葱碎、辣椒粉炒香，入咖喱油、食盐3g、白糖、味精、芝麻油、熟芝麻、大虾炒匀，装盘即成。

成菜特点

色泽金黄，大虾外酥内嫩，咸鲜香辣，有咖喱的特殊香味。

（五）蒜蓉酱

蒜蓉酱是由大蒜、葱、食盐、植物油等制作而成的一种预制复合调味料，具有色泽浅黄、咸鲜辛辣、蒜味突出的特点，主要用于蒜泥类菜品的调味。

1. 蒜蓉酱的配方

大蒜500g、香葱头20g、食盐30g、白糖6g、蚝油20g、生抽10g、食用油200g

2. 蒜蓉酱的制法

（1）大蒜、香葱头洗净，沥干水分，一起搅碎成蓉。

（2）锅置火上，放油烧至80～100℃，放入50%的蒜蓉，用中小火炒至呈浅黄色、蒜香浓郁时关掉火源，放入剩下的50%蒜蓉、食盐、白糖、蚝油、生抽搅拌均匀，装入盛器即可。

3. 加工制作要求

（1）应选质地鲜嫩、味辛辣、坚实饱满、无损伤、无发芽、无腐烂的大蒜。

（2）炒制大蒜时应热锅冷油，避免粘锅，炒至蒜蓉变浅黄即可，不宜久炒。

（3）生蒜蓉与熟蒜蓉按1∶1的比例混合，以免蒜蓉酱过于辛辣而不香。

4. 蒜蓉酱的运用

蒜蓉酱主要用于调制辛辣味，有去腥、提香、增鲜的作用，适用于肉类、海鲜、鱼类和蔬菜等菜品的制作，还可作为火锅、汤锅的蘸碟料。代表性菜品有蒜泥白肉、蒜蓉菜心、蒜蓉扇贝、蒜蓉大虾、蒜蓉小龙虾、蒜蓉烤生蚝、蒜蓉烤茄子等。

菜例：蒜蓉扇贝

食材配方

扇贝10个、水发粉丝200g、蒜蓉酱200g、食盐10g、姜片10g、白酒5g、胡椒粉1g、生抽10g、葱花20g、食用油20g

操作步骤

①扇贝撬开，取出贝肉，洗净，加入食盐3g、姜片、白酒、胡椒粉拌匀，码味10min。

②蒜蓉酱、食盐7g、生抽、食用油拌匀，调成味汁。

③将扇贝壳洗净，平放在盘中，放上水发粉丝垫底，再放扇贝肉，淋上味汁，入笼蒸熟，撒上葱花即成。

成菜特点

色泽自然，扇贝质地滑嫩，咸鲜醇厚，蒜香味浓郁。

（六）芥末糊

芥末糊是由芥末粉、白糖、醋、植物油等制作而成的一种预制复合调味料，具有强烈刺激性辣味，对味觉、嗅觉均有刺激作用，主要用于芥末味类菜品烹调。

1. 芥末糊的配方

芥末粉50g、白糖15g、醋30g、食用油20g、沸水50g

2. 芥末糊的制法

芥末粉、白糖、醋、食用油放入能密封的盛器中和匀，倒入沸水搅匀，加盖，自然晾凉即可。

3. 加工制作要求

（1）芥末粉应首选刺激性辣味强的绿芥末。

（2）调制芥末糊时一定要注意密封，需静置一段时间以激发出强刺激味。

（3）芥末糊应及时使用，不宜久放。

4. 芥末糊的运用

主要用于调制刺激性辣味，有去腥、增鲜、压异的作用，适用于内脏、海鲜和部分植物性食材的烹调。代表性菜品有芥末肚丝、芥末荞面鸡丝、芥末鱿鱼花、芥末北极贝、芥末鱼生、芥末茄条、芥末凉粉等。

菜例：芥末北极贝

食材配方

刺身冷冻北极贝100g、芥末糊20g、食盐3g、刺身酱油4g、醋10g、白糖1g、味精1g、芝麻油6g、冷鲜汤20g

操作步骤

①芥末糊、食盐、刺身酱油、醋、白糖、味精、芝麻油、冷鲜汤入碗，调匀成芥末味蝶。

②刺身冷冻北极贝解冻后切成片，装盘，配上芥末味蝶即成。

成菜特点

北极贝红白相间，质地脆嫩，咸鲜酸冲。

三、咸香及其他类预制复合调味料的调制及运用

（一）复制红酱油

复制红酱油，又称复制酱油，是用黄豆酱油加入糖和辛香料熬制而成，是川菜常备的一种预制复合调味料，具有色泽褐红、咸鲜带甜、香味浓郁的特点，多用于凉拌菜和面食。

1. 复制红酱油的配方

黄豆酱油500g、八角3g、草果3g、山柰3g、桂皮3g、花椒1g、红糖50g、白

糖100g、清水50g

2. 复制红酱油的制法

（1）红糖切细；八角、草果、山柰、桂皮、花椒装入纱布袋，制成香料包。

（2）锅置火上，入清水、黄豆酱油、香料包，中小火烧沸，再加入红糖、白糖，小火熬至酱油较浓稠即成。

3. 加工制作要求

（1）熬制时应控制好火力，小火慢熬，以免熬焦。

（2）熬制酱油汁浓缩到原来量的2/3时，即可关闭火源。

4. 复制红酱油的运用

主要用于调制咸甜风味，可代替酱油和白糖使用，有定咸、增色、增香、增浓复合味感的作用，适宜凉拌菜、面食等类菜品。代表性菜品有钟水饺、甜水面、四川凉面、蒜泥白肉等。

菜例：钟水饺

食材配方

面粉500g、清水220g、猪肉250g、姜葱水200g、鸡蛋50g、食盐8g、料酒4g、胡椒粉0.5g、芝麻油10g、复制酱油150g、红油辣椒200g、蒜泥70g

操作步骤

①面粉加清水和成面团，用湿布盖上，醒面约15min。

②猪肉加工成肉糜，加食盐、料酒、胡椒粉、芝麻油、鸡蛋搅匀，分次加入姜葱水，继续搅拌至原料融为一体，呈黏稠糊状。

③面团搓成长条，下剂，擀成圆皮，放入馅心，对叠捏成半月形的饺子生坯。

④锅置火上，放水烧沸，加入饺子生坯，用旺火煮至饺子成熟时捞出，盛入碗内，淋上复制酱油、红油辣椒、蒜泥即可。

成菜特点

饺子皮薄馅嫩，味道咸鲜甜辣，蒜香浓郁。

（二）豆豉卤汁

豆豉卤汁主要是由豆豉炒香后加入清水熬制成的酱香风味浓郁的卤汁，是川菜常备的一种预制复合调味料，主要用于凉拌菜和小吃的调味。

1. 豆豉卤汁的配方

豆豉500g、色拉油500g、清水1 000g、水淀粉100g

2. 豆豉卤汁的制法

（1）豆豉剁细成末。

（2）锅置火上，放油烧至80～100℃，入豆豉末炒散且出香味，加清水、食盐、酱油煮5～6min，加入用水淀粉勾成的二流芡，装入盛器即成。

3. 加工制作要求

（1）应选用颗粒饱满、中心无白点、无杂质、无霉变异味、味咸鲜香浓的黑豆豉。

（2）炒豆豉的油温不宜高，以免炒焦发苦。

4. 豆豉卤汁的运用

主要用于调制酱香风味，有提鲜、增香、去腥、辅助增咸等作用，适宜凉拌菜和面点小吃等类菜品。代表性菜品有四川凉粉、川北凉粉、凉拌兔丁等。

菜例：四川凉粉

食材配方

豌豆凉粉500g、蒜泥8g、食盐1g、豆豉卤汁10g、花椒粉1g、红油辣椒25g

操作步骤

①豌豆凉粉切成筷子头大小的条，装入碗内。

②凉粉上依次加入食盐、豆豉卤汁、花椒粉、红油辣椒、蒜泥即成。

成菜特点

凉粉色白，质地柔韧爽滑，麻辣、香浓。

（三）甜酸柠檬汁

甜酸柠檬汁是用柠檬酸、鲜柠檬、白糖等加凉开水调制而成的一种复合调味料，具有无色透明、甜酸浓郁的特点，常用于植物性食材的凉菜调味。

1. 甜酸柠檬汁的配方

柠檬酸2g、鲜柠檬1个、白糖250g、食盐2g、清水500g

2. 甜酸柠檬汁的制法

（1）鲜柠檬切片。

（2）锅置火上，入清水、白糖、食盐烧沸，倒入不锈钢盆中，凉至温热时放入柠檬酸搅匀至溶化，入鲜柠檬片即可。

3. 加工制作要求

（1）食盐的用量不宜多。

（2）应掌握好放入柠檬酸的时机，柠檬酸应搅至完全溶化。

4. 甜酸柠檬汁的运用

主要用于调制甜酸风味，有去腥、解腻等作用，适宜甜酸味、爽口的凉菜制作。代表性菜品有珊瑚雪莲、珊瑚雪卷等。

菜例：珊瑚雪莲

食材配方

鲜藕200g、甜酸柠檬汁500g

操作步骤

①鲜藕去皮、洗净，切成薄片，入沸水中煮熟，捞出后晾凉。

②甜酸柠檬汁倒入汤碗，放入鲜藕薄片，浸泡1h，捞出装盘即成。

成菜特点

鲜藕色泽洁白，质地脆嫩爽口，味道酸甜。

第二节 | 川菜现有专用菜品复合调味料制作及运用

一、川菜现有专用菜品复合调味料概述

川菜专用菜品复合调味料，是指以两种或两种以上基本调味料为原料，添加或不添加辅料而加工制成、专门用于川菜中一种或一类菜品烹调的调味料。随着现代城镇化的进程和人们生活水平的提高，特别是为顺应生活方式改变、生活节奏加快而需要的方便快捷、便于贮存携带、安全卫生、营养且风味多样的食品发展趋势，复合调味料的工业化生产加工发展迅速，复合调味料已在整个调味料制作和使用中占据越来越重要的地位。而在复合调味料生产加工中，许多是为某种特定菜点的调味而研制的，由此形成其“发展快、产量大、品种多、应用广”的特色。目前，川菜现有专用菜品复合调味料大多已工业化生产，主要分为三大类，即川菜传统菜肴类复合调味料、川菜传统面点小吃类复合调味料和川式火锅类复合调味料，每个类别都有许多品种（见表3、表4、表5）。其中，菜肴类复合调味料又可以按照烹饪方法，分为蒸菜调味料、凉拌菜调味料、腌渍菜调味料、烧烤菜调味料、煎炸菜调味料等。

表3 川菜传统菜肴类复合调味料一览表

产品名称	产品配方	产品图片示例
蒜泥白肉调料	植物油、辣椒、豆豉、花椒油、姜、蒜、八角、桂皮、白蔻、小茴香、香草、香果、栀子、白芷、木香、草果、丁香、山柰、荜茇、砂仁、食用盐、糖、醋、酱油、鸡精、味精	

续表

产品名称	产品配方	产品图片示例
口水鸡调料	油料包：菜籽油、辣椒、大葱、芹菜、芝麻等 调料包：蚝油、植物油、鸡精、食用盐、花椒等	
烧鸡公调料	配料表：菜籽油、辣椒、豆瓣酱、蒜、酿造酱油、黄酒、姜、盐渍辣椒、味精、盐渍姜、白糖、花椒、盐水渍芥菜、盐水渍萝卜、香辛料、食用香精、酵母抽提物、5'–呈味核苷酸二钠	
五香粉蒸肉调料	植物油、食用鸡油、郫县豆瓣、辣椒、食用盐、豆豉、姜、大蒜、洋葱、花椒、酿造酱油、酿造食醋、腐乳、甜面酱、芝麻酱、白糖、香辛料、谷氨酸钠、5'–呈味核苷酸二钠、琥珀酸二钠、柠檬酸、辣椒红、食用香精	
麻辣粉蒸肉调料	植物油、郫县豆瓣、辣椒、食用盐、豆豉、姜、大蒜、洋葱、花椒、酿造酱油、酿造食醋、腐乳、芝麻酱、白糖、香辛料、谷氨酸钠、5'–呈味核苷酸二钠、琥珀酸二钠、柠檬酸、辣椒红、食用香精	
回锅肉调料	植物油、郫县豆瓣、川式甜面酱、豆豉、酿造酱油、生姜、大蒜、香葱、白糖、谷氨酸钠、酵母抽提物、香辛料、山梨酸钾、食用香精	

续表

产品名称	产品配方	产品图片示例
酸菜鱼调料	四川泡菜（青菜、辣椒、水、食用盐、香辛料）、植物油、食用盐、大蒜、郫县豆瓣、生姜、白糖、谷氨酸钠、食用葡萄糖、麦芽糊浆、鸡精、水、香辛料、山梨酸钾、食用香精	
用一袋料 享一桌菜 （麻婆豆腐调料）	麻婆豆腐调料：植物油、郫县豆瓣、辣椒、酿造酱油、生姜、大蒜、洋葱、鸡精、白糖、豆豉、调料酒、花椒、食用盐、味精、香辛料、食用香精香料、山梨酸钾 豆瓣鱼调料：郫县豆瓣、植物油、酿造酱油、酿造食醋、白糖、大蒜、生姜、鸡精、白酒、花椒、麦芽糊精、谷朊粉、食用葡萄糖、香辛料、食用香精、木糖、味精、辣椒红、乙酰双淀粉已二酸酯、冰乙酸、黄原胶、山梨酸钾 鱼香肉丝调料：泡辣椒、白糖、酿造食醋、植物油、大蒜、大葱、生姜、番茄酱、酿造酱油、鱼露、麦芽糊精、谷朊粉、酵母抽提物、香辛料、食用香精香料、冰乙酸、山梨酸钾、5'-呈味核苷酸二钠、辣椒红	
糖醋排骨调料	白糖、水、酿造食醋（≥12%）、酿造酱油、食用盐、味精、香辛料、白胡椒、柠檬酸、黄原胶、山梨酸钾	

续表

产品名称	产品配方	产品图片示例
水煮肉片调料	调料包：菜籽油（≥20%）、豆瓣酱、盐渍辣椒、食用盐、蒜、味精、姜、辣椒（≥2%）、白糖、食用鸡油、水、酿造酱油、黄酒、食用牛油、食用香精、花椒（≥0.1%）、酵母抽提物、香辛料、辣椒红、5'–呈味核苷酸二钠 干料包：辣椒（≥70%）、花椒（≥10%） 腌肉包：淀粉、食用盐	
辣子鸡调料	配料包：菜籽油（≥18%）、辣椒（≥10%）、食用盐、豆瓣酱、蒜、酿造酱油、黄酒、姜、盐渍辣椒、味精、盐渍姜、白糖、花椒（≥1.5%）、盐水渍芥菜、盐水渍萝卜、香辛料、食用香精、酵母抽提物、5'–呈味核苷酸二钠	
宫保鸡丁调料	配料：白糖、水、蚝油、酿造食醋、酿造酱油、非转基因大豆油、食用盐、盐渍辣椒、酱腌菜、番茄酱、香辛料、黄酒、谷氨酸钠、三氯蔗糖、焦糖色、浓缩鸡肉膏、羟丙基二淀粉磷酸酯、黄原胶、5'–呈味核苷酸二钠、辣椒油树脂	
青花椒鱼调料	调料包：菜籽油（≥15%）、豆瓣酱、白糖、盐渍姜、姜、味精、蒜、小葱、水、辣椒、盐水渍萝卜、黄酒、食用鸡油、花椒、5'–呈味核苷酸二钠、茶多酚 腌鱼料包：淀粉、食用盐、味精、白胡椒 干料包：花椒、辣椒	

续表

产品名称	产品配方	产品图片示例
香水鱼调料	植物油、辣椒、食用盐、豆瓣、水、泡姜、味精、食用香精、香辛料、白糖、姜、大蒜、花椒、白酒、酵母抽提物、5'-呈味核苷酸二钠、辣椒红	
豆瓣鱼调料	植物油、郫县豆瓣酱、辣椒干、食用盐、白糖、番茄沙司、水、味精、鸡精、鸡油、花椒、酵母抽提物、水解植物蛋白、香辛料、食用香精香料、山梨酸钾等	
毛血旺调料	调料包：植物油、郫县豆瓣、辣椒、食用盐、大蒜、姜、花椒、酵母抽提物、洋葱、豆豉、食用葡萄糖、酿制酱油、香辛料、食品添加剂、食用香精 干料包：辣椒、花椒、芝麻	
红烧肉调料	白糖、辣椒酱、植物油、酿造酱油、食用盐、水、花椒、香辛料、食品添加剂	
酸汤肥牛调料	水、泡菜、鸡骨液体调味料、食用鸡油、植物油、大蒜、食用盐、味精、猪骨液体复合调味料、洋葱、柠檬酸、酵母抽提物、白糖、香辛料、D-异抗坏血酸钠、呈味核苷酸二钠、黄原胶、山梨酸钾等	

续表

产品名称	产品配方	产品图片示例
夫妻肺片调料	菜籽油、辣椒、芝麻、花生、酱油、食用盐、白糖、花椒豆豉、香辛料、食用香精	
冒菜调料	精炼植物油、豆豉、味精、鸡精调味料、郫县豆瓣、牛油、辣椒、食用盐、白糖、泡椒、花椒、姜、大蒜、泡姜，鸡油、香辛料、5'–呈味核苷酸二钠、山梨酸钾、食用香精	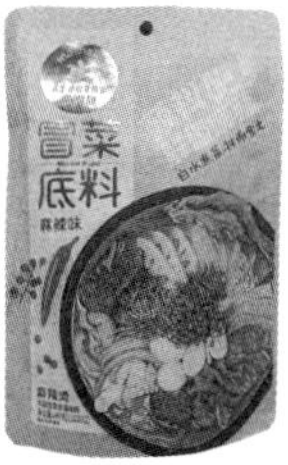
泡椒凤爪调料	盐渍泡米椒、水、食用盐、乳酸、味精、冰乙酸、食用香精香料、麦芽糊精、泡椒调味粉、白糖、柠檬、5'–呈味核苷酸钠、乙基麦芽酚、山梨酸钾	
酸萝卜老鸭汤调料	调料包：味精、盐渍姜、菜籽油、食用盐、食用香精香料、水、白糖、盐渍辣椒、酵母抽提物、5'–呈味核苷酸二钠、柠檬酸、D–异抗坏血酸钠、山梨酸钾、辣椒红 萝卜包：盐水渍萝卜、水、盐渍辣椒、盐渍姜、乳酸、D–异抗坏血酸钠、山梨酸钾、白糖	
川味卤菜调料	食用盐、白糖、八角、茴香、桂皮、栀子、甘草、陈皮、砂仁、谷氨酸钠、5'–呈味核苷酸二钠、食用香精香料	

表4 川菜传统面点小吃类复合调味料一览表

产品名称	产品配方	产品图片示例
钟水饺调料	植物油、辣椒粉、酱油、姜、葱、蒜、香菜、芝麻、香辛料、红糖、冰糖、谷氨酸钠、山梨酸钾	
酸辣粉调料	植物油、辣椒粉、葱、芝麻、姜、花椒、大豆、食用盐、谷氨酸钠、脱水葱、酵母抽提物、鸡精、调料、5'-呈味核苷酸二钠、黄原胶、酿造食醋、酿造酱油、冰乙酸、柠檬酸、食用香精	
担担面调料	植物油、辣椒、芽菜、姜、葱、蒜、猪肉、酱油、食醋、食用盐、芝麻酱、芝麻、白糖、水、酵母抽提物、香辛料、食用香精、谷氨酸钠、5'-呈味核苷酸二钠、焦糖色、山梨酸钾	
川北凉粉调料	植物油、辣椒粉、花椒粉、豆豉、豆瓣酱、酱油、芝麻	
复制酱油（红油水饺专用）	酱油、白糖、红糖、水、香辛料、花椒	

续表

产品名称	产品配方	产品图片示例
复制酱油（甜水面专用）	酱油、红糖、白糖、水、香辛料、花椒	

表5 川式火锅类复合调味料一览表

产品名称	产品配方	产品图片示例
牛油火锅调料	食用牛油、植物油、食用盐、味精、豆瓣酱、辣椒、白糖、醪糟、泡姜、葱、蒜、牛肉粉调料、浓香型白酒、黄酒、鸡粉、食用香料等	
麻辣味清油火锅调料	精炼植物油、郫县豆瓣、辣椒、花椒、姜、辣椒、白糖、泡姜、浓香型白酒、食用香料等	
番茄火锅调料	番茄酱、植物油、白糖、食用盐、泡姜、洋葱、味精、鸡肉调味粉、5'-呈味核苷酸二钠、柠檬酸、食用香精、山梨酸钾等	
菌汤火锅调料	水、食用鸡油、食用盐、味精、香菇、茶树菇、牛肝菌、浓缩鸡汤、姜、白糖、松茸、酵母抽提物、山梨酸钾、黄原胶等	

续表

产品名称	产品配方	产品图片示例
三鲜火锅调料	牛油、香菇、百合、木耳、老姜、红枣、枸杞、味精、食用盐、白糖、香辛料、食用香精香料、山梨酸钾	
美蛙鱼头火锅调料	植物油、食用牛油、泡辣椒、泡姜、豆瓣酱、白糖、香辛料、酵母抽提物、5'–呈味核苷酸二钠、琥珀酸二钠	
麻辣钵钵鸡调料	油料包：菜籽油、辣椒、芝麻、芝麻油、葱、生姜、香菜、香辛料等 调味粉包：鸡精、味精、食用盐、白糖等 芝麻包：芝麻	
藤椒钵钵鸡调料	主料包：食用植物油、藤椒油辣椒、芝麻、香辛料 粉料包：鸡精、味精、白糖、食用盐、香辛料、5'–呈味核苷酸二钠、	
麻辣烫调料	植物油、食用鸡油、辣椒、豆瓣酱、味精、食用盐、鸡精、泡椒、泡姜、蒜、豆豉、花椒、香辛料、浓香型白酒、葱、白糖、食用香精香料、5'–呈味核苷酸二钠、	

以下选择目前已常用且具有代表性的部分川菜专用菜品复合调味料，分为传统菜肴类复合调味料、传统面点小吃类复合调味料和川式火锅类复合调味料等三类，分别阐述其原辅材料、工业化生产工艺流程、操作要点、质量要求和运用案例。

二、川菜传统菜肴类复合调味料的制作及运用

川菜的菜肴品种繁多，风味各异，有“一菜一格、百菜百味”的美誉，而这主要源于对调味料的巧妙使用。回锅肉、麻婆豆腐、鱼香肉丝、宫保鸡丁、豆瓣鱼、水煮牛肉、夫妻肺片、粉蒸牛肉等，都是声名远扬的川菜传统名菜。如今，无论传统经典川味菜肴，还是创新川菜，都已经通过工业化生产出了专门用于烹调一种菜肴或一类菜肴的复合调味料，更有利于这些菜肴的方便快捷制作。下面即以回锅肉调料、麻婆豆腐调料、鱼香肉丝调料、豆瓣鱼调料的工业化生产及烹调运用为例，阐述传统菜肴类复合调料制作及运用。

（一）回锅肉调味料

回锅肉在川菜中有着极其重要的地位，有人认为它是川菜之首。回锅肉，又称作熬锅肉、油爆锅，几乎家家会做，色香味俱全，是下饭菜中大部分人会选的菜。所谓回锅，就是再次烹调的意思。其主要食材是猪后臀肉，配料则各有不同，可以用青椒、蒜苗等，还可以用彩椒、洋葱、韭菜、干豇豆、锅盔等，口味独特，色泽红亮，肥而不腻。

1. 原辅材料

植物油、郫县豆瓣、川式甜面酱、豆豉、酿造酱油、生姜、大蒜、香葱、白糖、谷氨酸钠、酵母抽提物、香辛料、山梨酸钾、食用香精

2. 工艺流程

回锅肉调料制作的工艺流程为：

原辅材料→预处理→炒制→配料→包装→杀菌→检验→成品

3. 操作要点

（1）郫县豆瓣、姜等斩成直径≤2.0mm的颗粒，备用。

（2）加入植物油进行炒制。

（3）原辅材料按照配方进行配制，植物油升温到60℃时加入郫县豆瓣、川式甜面酱、豆豉、酿造酱油、生姜、大蒜、香葱、白糖，继续升温到102℃搅拌炒制 8～10min，至物料熟化、出香。

（4）将其他物料配制好后加入炒制好的物料中，混合均匀，包装后进行巴氏杀菌即可。

4. 质量要求

成品酱红色，均匀有光泽；口感咸鲜微辣略甜，香味浓郁。

5. 烹调运用

食材配方

猪二刀肉400g、蒜苗200g、50g植物油、葱段20g、姜片15g、料酒20g、花椒3g、回锅肉调味包60g（1袋）

操作步骤

（1）锅置火上，加清水和猪肉、适量姜片、葱段、料酒、花椒、以中火煮至猪肉七成熟时捞出晾凉，切成薄片。

（2）锅置火上，入植物油烧热，加入肉片，以大火炒制肉片吐油起卷时调小火，加入回锅肉调味料60g，炒香且出红油，加入蒜苗（或青椒、豆干片等），炒至断生、出锅、装盘。

成菜特点

色泽红亮，咸鲜微辣略甜，香味浓郁，质地略软。

（二）麻婆豆腐调味料

麻婆豆腐创始于清代咸丰年间成都北门外、万福桥旁的陈兴盛饭铺。因创制者是饭铺的老板娘陈刘氏、其对客人态度和蔼、接待热情、又深知前来吃饭的挑油者等下力人喜食麻、辣厚味的菜肴、便烹制出麻、辣、烫的豆腐菜肴、深受顾客欢迎、又因其麻面、便以“麻婆豆腐”命名、逐渐远近驰名。《锦城竹枝词》《芙蓉话旧录》等书对陈麻婆创制麻婆豆腐的历史均有记述。《锦城竹枝词》言：“麻婆陈氏尚传名、豆腐烘来味最精。万福桥边帘影动，合沽春酒醉先生。”如今，“麻婆豆腐”已成为最受欢迎的传统名菜之一，并且已走出国门，深受国外人士的喜爱。

1. 原辅材料

植物油、郫县豆瓣、辣椒、酿造酱油、生姜、大蒜、洋葱、鸡精、白糖、豆豉、调料酒、花椒、食用盐、味精、香辛料、食用香精香料、山梨酸钾

2. 工艺流程

麻婆豆腐调料制作的工艺流程为：

原辅材料→预处理→配料→炒制→包装→杀菌→检验→成品

3. 操作要点

（1）郫县豆瓣、辣椒、豆豉、生姜、大蒜、洋葱等粉碎成直径≤2.0mm的颗粒，备用。

（2）原辅材料按照配方进行配制，油温升到60℃时加入郫县豆瓣、辣椒、豆豉、生姜、大蒜、洋葱、继续升温到102℃搅拌炒制8～10min，至物料熟化、出香，加入鸡精、白糖、调料酒、花椒、食用盐、味精、香辛料。

（3）将其他物料配制好后加入到炒制好的物料中，混合均匀，包装后进行巴氏杀菌即可。

4. 质量要求

成品色泽红亮，口感麻辣咸鲜，香味浓郁。

5. 烹调运用

食材配方

氽水豆腐400g、蒜苗20g、植物油50g、水淀粉27g、花椒粉1.5g、麻婆豆腐调料100g（1袋）

操作步骤

（1）将氽水豆腐切成2cm的小方块，放入加有少量食盐的沸水中煮1min，捞出备用；蒜苗切小段。

（2）锅置火上，加入植物油烧热，放入麻婆豆腐调料，加入200g水烧沸，加入豆腐烧至入味，用水淀粉勾芡，入蒜苗段炒匀，出锅、装盘、撒上花椒粉。

成菜特点

色泽红亮，麻、辣、咸、鲜、烫、酥、嫩，形整不烂，味道浓厚。

（三）鱼香肉丝调味料

鱼香肉丝是川菜的一道传统名菜，切忌望文生义。它所用食材不是鱼，而是猪肉丝及木耳丝、冬笋丝等，与泡辣椒、姜、蒜、葱和盐、糖、醋等调味料一起炒制而成，因成菜具有“鱼香味”而得名。鱼香味，是源于四川民间烹鱼时所用的独特调味料调制的特有味型，故名。如今，鱼香味菜肴已发展演变出一个系列菜肴，包括鱼香猪肝、鱼香茄子、鱼香虾球等。

1. 原辅材料

泡辣椒、白糖、醋、植物油、大蒜、大葱、生姜、番茄酱、酱油、鱼露、麦芽糊精、谷朊粉、酵母抽提物、香辛料、食用香精香料、冰乙酸、山梨酸钾、呈味核苷酸二钠、辣椒红

2. 工艺流程

鱼香肉丝调味料制作的工艺流程为：

泡辣椒、姜、蒜、葱等→斩拌→配料→炒制→包装→杀菌→检验→成品

3. 操作要点

（1）泡辣椒、姜、蒜、葱等斩拌成直径≤2.0mm的颗粒，备用。

（2）原辅材料按照配方进行配制，油温升到60℃时加入泡辣椒、植物油，待油变红色后立即下入大蒜、大葱、生姜炒出香味，再加入白糖、醋、酱油、番茄酱、鱼露、汤汁加热变稠即可。

（3）将其他物料配制好后加入到炒制好的物料中，混合均匀，包装后进行巴氏杀菌即可。

4. 质量要求

成品色泽红亮，鱼香味醇厚、咸酸甜辣兼而有之，姜、葱、蒜香味适度。

5. 烹调运用

食材配方

猪瘦肉150g、青笋丝120g、泡发木耳丝30g、葱花20g、植物油50g、水淀粉

30g、料酒3g、酱油3g、鱼香肉丝调料100g（1袋）

操作步骤

（1）将猪瘦肉切丝，用水淀粉20g、料酒、酱油拌匀，码味。

（2）锅置火上，放入植物油烧至150℃左右，放入肉丝翻炒至变色，放入青笋丝、木耳丝翻炒均匀，加入鱼香肉丝调料翻炒均匀，用水淀粉10g勾芡后，撒入葱花即可。

成菜特点

色泽红亮，咸甜酸辣，姜、葱、蒜味浓郁，肉质细嫩。

（四）豆瓣鱼调味料

豆瓣鱼，是川菜的一道特色传统名菜，也是四川地区民众家庭常烹常食的菜肴。它用鲜鱼为主要食材，重用郫县豆瓣等调料烹制而成，其特点是色泽红亮，鱼肉细嫩，咸鲜微辣略带酸甜，豆瓣酱香浓郁。

1. 原辅材料

植物油、郫县豆瓣、辣椒干、食用盐、白糖、番茄沙司、水、味精、鸡精、鸡油、花椒、酵母抽提物、水解植物蛋白、香辛料、食用香精香料、山梨酸钾等

2. 工艺流程

豆瓣鱼调料制作的工艺流程为：

原辅材料→预处理→配料→炒制→包装→杀菌→检验→成品

3. 操作要点

（1）郫县豆瓣、辣椒干等斩拌成直径≤2.0mm的颗粒，备用。

（2）原辅材料按照配方进行配制，油温升120℃时加入郫县豆瓣炒香至油呈红色，加入其他原辅材料进行调味。

（3）将其他物料配制好后加入炒制好的物料中，混合均匀，包装后进行巴氏杀菌。

4. 质量要求

成品色泽红亮，口感咸鲜带甜酸，郫县豆瓣的酱香辣及姜、葱、蒜味突出。

5. 烹调运用

食材配方

鲈鱼500g、大葱50g、生姜片30g、料酒50g、食盐10g、葱花50g、植物油60g、水淀粉25g、豆瓣鱼调味料100g（1袋）

操作步骤

（1）将鲈鱼宰杀、洗净，鱼身每面剞3刀，加入生姜片、大葱、料酒、食盐码味20～30min。

（2）蒸锅水沸后，把鱼放入锅内蒸15min。

（3）锅置火上，放入植物油烧热，加入豆瓣鱼调味料炒制均匀，加入180g水烧沸，放入水淀粉勾芡制成味汁，均匀地淋在鱼身上，撒上葱花即可。

成菜特点

色泽红亮，鱼肉细嫩，味道咸鲜微辣、略带酸甜。

三、川菜传统面点小吃类复合调味料的制作及运用

四川小吃品种丰富，特色突出，钟水饺、龙抄手、赖汤圆、三大炮、担担面、甜水面、酸辣粉、肥肠粉等价廉物美，名闻遐迩，其中的许多品种已经通过工业化生产出了专用复合调味料。下面即以担担面调味料、钟水饺调味料、酸辣粉调味料和川北凉粉调味料的工业化生产及烹调运用为例，阐述传统面点小吃类复合调味料的制作及运用。

（一）担担面调味料

担担面原是巴蜀地区的一种大众化面点小吃，价廉物美、方便快捷，深受人们喜爱。因最初的经营者是肩挑担子、走街串巷、现煮现卖面条，而人们不知其售者名姓，便取名“担担面”。在担担面中，最有名的是四川陈包包的担担面和重庆董德明的正东担担面。四川担担面是自贡一位名叫陈包包的小贩始创于1841年，随后传入成都，因最初是挑着担子沿街叫卖而得名。重庆正东担担面则是董

德明最早在重庆保安路口卖的担担面，也颇有名气。如今，担担面已走出国门，成为受国内外人士喜爱的传统名品。

1. 原辅材料

植物油、辣椒、芽菜、姜、葱、蒜、猪肉、酱油、醋、食用盐、芝麻酱、芝麻、白糖、水、酵母抽提物、香辛料、食用香精、谷氨酸钠、5'–呈味核苷酸二钠、焦糖色、山梨酸钾

2. 工艺流程

担担面调味料制作的工艺流程为：

植物油、辣椒油、芽菜、姜、葱、蒜、猪肉、酱油、醋等→炒制→包装→杀菌→检验→成品

3. 操作要点

（1）姜、葱、蒜、猪肉等洗净并绞碎备用。

（2）将处理后的芽菜、姜、葱、蒜、猪肉加入植物油中炒制，再加入酱油、醋等调味料炒至水汽渐干、吐油冒泡时出锅，包装后进行巴氏杀菌。

4. 质量要求

成品咸鲜微辣，芽菜香味浓郁。

5. 烹调运用

食材配方

湿细面条150g、担担面调料60g（1袋）

操作步骤

面条放入锅中煮熟，捞出，放入盛有担担面调料的碗中拌匀即成。

成菜特点

面条滑爽，面臊酥香，味咸鲜微辣，芽菜香浓。

（二）钟水饺调味料

钟水饺是成都名小吃，因始创者钟燮森而得名，始创于1893年。后因其店曾设荔枝巷，又称“荔枝巷水饺”，仅红油水饺和清汤水饺两种水饺，但都以皮薄、馅嫩、味鲜、形如月牙而称誉蓉城。其中，又以红油水饺最为知名，色泽红

亮，味道咸鲜甜辣。

1. 原辅材料

植物油、辣椒粉、酱油、姜、葱、蒜、香菜、芝麻、香辛料、红糖、冰糖、味精、山梨酸钾。

2. 工艺流程

钟水饺调味料制作的工艺流程为：

复制酱油：酱油、姜、葱、香辛料等→熬制→加糖熬制→复制酱油

红油辣椒：植物油、姜、葱等→油炸→分两段加入辣椒粉→辣椒油

复制酱油、辣椒油→配料→混匀→包装→检验→成品

3. 操作要点

（1）复制酱油的制备：将水倒入锅中烧沸，倒入酱油，放入姜、葱、香菜和香辛料，中火烧沸。待姜、葱和香菜吸水煮软时捞出，放入红糖、冰糖、中火不断搅拌熬化，再次烧沸，转小火熬制20~25min。

（2）钟水饺红油辣椒的制备：姜切片，葱切长段；同时准备香辛料，包括八角、香叶、草蔻、良姜。锅中热油烧至200℃，入姜、葱和香料熬至出现明显的姜葱香味、水分炸干、再将姜、葱捞出、关火。取一个耐高温的容器、倒入三分之一辣椒粉；再将剩余的辣椒粉与芝麻放入另一个容器中混合均匀备用。待油温下降到130~140℃，将油倒入底部铺有辣椒粉的容器，使辣椒粉沸腾，发出辣椒的香气。待油温降到100℃及以下，倒入剩余的辣椒粉与芝麻混合物，搅匀，静置冷却后装入容器。

（3）将辣椒油和复制酱油配制好后，混合均匀，包装即可。

4. 质量要求

成品色泽红亮，咸鲜甜辣。

5. 烹调运用

食材配方

面粉500g、猪肉250g、食盐8g、料酒4g、胡椒粉0.4g、鸡蛋50g、姜葱水200g、蒜泥70g、钟水饺调味料300g

操作步骤

（1）猪肉洗净去筋、锤蓉，加食盐、清水、搅拌至水分全部被肉蓉吸收，制成馅心。

（2）面团搓成长条，下剂，擀成圆皮，放入馅心，面团和馅心调料的质量比约为1.5：1，对叠捏成半月形的饺子生坯。

（3）锅中放水烧沸，入饺子生坯，用旺火煮至饺子成熟，捞出、盛入碗内。

（4）钟水饺调味料与蒜泥拌匀，淋在饺子上即成。

成菜特点

皮薄馅嫩，味咸鲜甜辣，蒜香浓郁。

（三）酸辣粉调味料

酸辣粉是四川著名的传统小吃，起源于民间，是以红薯粉为食材经传统手工漏制成粉条状，以酱油、红油辣椒、醋、花椒粉、化猪油等调味料烹调而成，因味道突出酸辣为主而得名。

1. 原辅材料

植物油、辣椒粉、葱、芝麻、姜、花椒、大豆、食用盐、谷氨酸钠、脱水葱、酵母抽提物、鸡精、调料、5'–呈味核苷酸二钠、黄原胶、酿造食醋、酿造酱油、冰乙酸、柠檬酸、食用香精。

2. 工艺流程

酸辣粉调味料制作的工艺流程为：

油包：植物油、姜、葱等→油炸→分两段加入辣椒粉→辣椒油→包装→检验→成品

粉包：大豆、食用盐、谷氨酸钠、脱水葱、酵母抽提物等→配料→混匀→包装→检验→成品

醋包：酿造食醋、酿造酱油、冰乙酸、柠檬酸等→配料→混匀→包装→检验→成品

3. 操作要点

（1）油包的制备：姜切片，葱切长段。锅中热油烧至200℃，入姜、葱熬至

有明显的姜葱香味、水分炸干，再将姜、葱捞出，关火。取一个耐高温的容器，倒入三分之一辣椒粉；再将剩余的辣椒粉和芝麻在另一个容器中混合均匀备用。待油温下降到130~140℃，将油倒入底部铺有辣椒粉的容器，使辣椒粉沸腾，辣椒出香气。待油温降到100℃及以下，倒入剩余的辣椒粉与芝麻混合物，搅匀。静置冷却后装入容器即可。

（2）粉料包的制备：大豆、食用盐、谷氨酸钠、脱水葱、酵母抽提物等配制好，混合均匀，包装。

（3）醋包的制备：醋、酱油、冰乙酸、柠檬酸等配制好，混合均匀，包装。

4. 质量要求

调料包复配后咸鲜酸辣，香味浓郁。

5. 酸辣粉调味料的应用

食材配方

红薯圆粉条66g、酸辣粉调味料包47g（油包18g、粉料包17g、醋包12g）

操作步骤

（1）红薯圆粉条加热水浸泡；将粉料包、油包和醋包倒入碗中加热水混匀，制成味汁。

（2）将粉条放入沸水中煮约1min，捞出，加入有调味汁的碗中。

成菜特点

粉条质地滑爽柔嫩，味咸鲜酸辣，香味浓郁。

（四）川北凉粉调味料

川北凉粉是四川南充的一道传统特色名小吃。清代光绪年间，原南充县江村坝农民谢天禄在嘉陵江渡口搭棚卖凉粉，其凉粉制作精细，因磨浆、熬煮、搅制、调料、配味俱佳，独树一帜，深受喜爱，人称“谢凉粉”。至民国初年，一位叫陈红顺的人成功改进谢氏凉粉，选用新鲜白豌豆用小磨磨细，注重搅制火候，使得凉粉质细柔嫩、筋力绵软、明而不透、细而不断，所用红油，酱油等调味料搭配更具匠心，奠定了如今川北凉粉的基本技艺和味型。随着“谢凉粉”“陈凉粉”声名鹊起，成渝及周边县市凉粉店纷纷以“川北凉粉”冠名，由此名扬巴蜀。

1. 原辅材料

植物油、辣椒粉、花椒粉、豆豉、豆瓣酱、酱油、芝麻

2. 工艺流程

川北凉粉调味料制作的工艺流程为：

辣椒油：植物油、辣椒粉等→油炸→分两段加入辣椒粉→辣椒油

豆豉、花椒粉等→炒制→加辣椒油、芝麻→包装→杀菌→检验→成品

3. 操作要点

（1）川北凉粉辣椒油的制备：锅中热油烧至200℃，取一个耐高温的容器，倒入三分之一辣椒粉。待油温下降到130~140℃，将油倒入底部铺有辣椒粉的容器，使辣椒粉沸腾，发出辣椒的香气。待油温降到100℃及以下，倒入剩余的辣椒粉搅匀，静置冷却后装入容器即可。

（2）豆瓣酱，豆豉剁成细末，下锅炒散且出香味。

（3）炒制后的豆豉中加入辣椒油、花椒粉、酱油、芝麻，混合均匀，包装。

4. 质量要求

味道麻辣，兼具豉香味。

5. 川北凉粉调味料的运用

食材配方

豌豆凉粉300g、蒜泥5g、川北凉粉调味料30g

操作步骤

（1）凉粉切成筷子头大小的条，装入碗内。

（2）在凉粉上加入蒜泥和川北凉粉调味料即可。

成菜特点

凉粉质地柔嫩爽滑，味道麻辣。

四、川式火锅类复合调味料的制作及运用

（一）麻辣火锅调味料

川式麻辣火锅最早见于记载的是重庆毛肚火锅。民国时期，李劼人在成都出版的《风土杂志》上发表的《漫谈中国人之衣食住行》一文指出："吃水牛的毛肚火锅，发源于重庆对岸的江北。最初一般挑担子零卖贩子将水牛内脏买得，洗净煮一煮，而后将肝子、肚子等切成小块，于担头置泥炉一具，炉上置分格的大洋铁盆一只，盆内翻煎倒滚着一种又辣又麻又咸的卤汁。于是河边、桥头的，一般卖劳力的朋友……便围着担子受用起来。各人认定一格卤汁，且烫且吃，吃若干块，算若干钱，既经济，又能增加热量。"此后、麻辣火锅在巴蜀地区不断发展演变，品种不断丰富。

1. 原辅材料

食用牛油、植物油、食用盐、味精、豆瓣酱、辣椒、花椒、白糖、醪糟、姜、葱、蒜、牛肉粉调味料、浓香型白酒、黄酒、鸡粉、食用香料等

2. 工艺流程

麻辣火锅调味料制作的工艺流程为：

原辅材料→预处理→炒制→包装→杀菌→检验→成品

3. 操作要点

（1）辣椒、豆瓣酱、花椒、姜、葱、蒜绞碎至蓉状。

（2）将处理后的辣椒、豆瓣酱、花椒、姜、葱、蒜放入植物油和食用牛油中炒制，待水汽渐干，吐油冒泡时加入食用香料用小火炒制，起锅前加入其他调味料，包装后进行巴氏杀菌。

4. 质量要求

成品酱料浓稠发亮，麻辣咸鲜，香味浓郁。

5. 烹调运用

食材配方

水900g（或骨汤、鸡汤）、麻辣火锅调味料150g、葱段、姜片各若干，各种食材

操作步骤

（1）锅置火上，加入水（或骨汤、鸡汤更佳），倒入麻辣火锅调味料，可依据个人的喜好加入适量葱段、姜片等。

（2）待麻辣味汁煮沸后加入各种食材烫熟即可；也可搭配火锅蘸料，口味更佳。

成菜特点

麻辣咸鲜，复合香味浓郁，火锅风味突出。

（二）美蛙鱼头火锅调味料

美蛙鱼头是一道起源于20世纪80年代的川式火锅名品，主要食材是花鲢鱼头与美蛙（美国牛蛙），美蛙肉质细嫩，鱼头风味独特，将两者结合，以四川特色调味料调味，风味别具一格。

1. 原辅材料

植物油、食用牛油、泡辣椒、泡姜、豆瓣酱、花椒、白糖、香辛料、酵母抽提物、呈味核苷酸二钠、琥珀酸二钠

2. 工艺流程

美蛙鱼头火锅调味料制作的工艺流程为：

原辅材料→预处理→炒制→包装→杀菌→检验→成品

3. 操作要点

（1）辣泡椒、泡姜、豆瓣酱、花椒绞碎至蓉状。

（2）将处理后的辣泡椒、泡姜、豆瓣酱、花椒放入植物油、食用牛油中炒制，待水汽渐干、吐油冒泡时加入香辛料小火炒制，起锅前加入其他调味料，包装后进行巴氏杀菌。

4. 质量要求

麻辣咸鲜，复合香味浓郁。

5. 烹调运用

食材配方

水1500g、美蛙鱼火锅调味料300g、鱼头和鱼片500g、牛蛙1000g、酸菜500g、干辣椒20g、干花椒5g、菜籽油400g、料酒60g、姜片30g、葱60g、各种食材

操作步骤

（1）鱼头、鱼片和牛蛙加入料酒、姜片、葱腌制15min。

（2）锅置火上，加水，酸菜和美蛙鱼火锅调味料煮沸，加入鱼头煮1~2min，再入美蛙同煮3~4min，出锅，盛入容器内，上面撒干辣椒和干花椒（可根据实际口味增减）。

（3）锅置火上，入菜籽油烧热，淋在容器内的食物上即可；待鱼头与蛙肉食用完后，可用汤汁涮烫各种食材。

成菜特点

麻辣咸鲜微酸，复合香味浓郁。

（三）番茄火锅调味料

川菜的风味特色是“清鲜醇浓并重，善用麻辣”，川式火锅品类丰富，不仅有以毛肚火锅为代表的麻辣火锅，也有以菌汤火锅为代表的清鲜火锅。而“番茄火锅”则是在传统的清鲜火锅基础上创制的，也深受消费者喜爱。

1. 原辅材料

番茄酱、植物油、白糖、食用盐、泡姜、洋葱、味精、鸡肉调味粉、5'–呈味核苷酸二钠、柠檬酸、食用香精、山梨酸钾

2. 工艺流程

番茄火锅调味料制作的工艺流程为：

番茄酱、植物油、白糖、食用盐等→炒制→包装→杀菌→检验→成品

3. 操作要点

（1）泡姜、洋葱绞碎至蓉状。

（2）将番茄酱、泡姜、洋葱加入植物油中炒香，出锅前加入其他调味料，包装后进行巴氏杀菌。

4. 质量要求

成品味道咸鲜微酸，番茄香浓。

5. 烹调运用

食材配方

水1000g（或骨汤、鸡汤）、番茄火锅调味料200g，葱段、姜片各若干、各种食材

操作步骤

（1）锅置火上，加入水（或骨汤、鸡汤更佳），倒入番茄火锅调味料，可依据个人的喜好加入适量葱段、姜片等。

（2）待汤汁煮沸后加入各种食材烫熟即可；也可搭配火锅蘸料，口味更佳。

成菜特点

味道咸鲜适宜，番茄香浓。

（四）麻辣香锅调味料

麻辣香锅是川式麻辣火锅的衍生品，不同之处在于麻辣火锅是边煮边烫食，而麻辣香锅是先烹调至熟再食用，以免部分食材过度加热而品质受损，其特点是麻、辣、咸、鲜、醇香浓郁，口味多样化，多种食材可任意搭配。

1. 原辅材料

大豆油、菜籽油、牛油、郫县豆瓣酱、豆豉、生姜、大蒜、洋葱、辣椒、花椒、味精、鸡精、白糖、番茄酱、香辛料等

2. 工艺流程

麻辣香锅调味料制作的工艺流程为：

大豆油、菜籽油、牛油、辣椒等→炒制→包装→杀菌→检验→成品

3. 操作要点

将豆瓣酱、豆豉、生姜、大蒜、洋葱、辣椒、花椒、香辛料等加入植物油中炒香，待出锅前加入味精、鸡精调味料、白糖、番茄酱等，包装后进行巴氏杀菌。

4. 质量要求

成品味道麻辣咸鲜，醇香浓郁。

5. 烹调应用

食材配方

青笋、藕片、虾等多种食材750g、植物油100g、麻辣香锅调味料105g

操作步骤

（1）锅置火上，加水烧沸，入青笋、藕片、虾等（可根据自己喜好调整）等原料，焯至半熟时捞出。

（2）锅置火上，入植物油烧热，入麻辣香锅调味料翻炒出香，加入青笋、藕片、虾等食材炒熟即可。

成菜特点

质感丰富，味道麻辣咸鲜，醇香浓郁。

（五）钵钵鸡调味料

钵钵鸡起源于四川民间，邛崃、乐山、眉山等地制作的钵钵鸡都很知名。钵钵，本是一种盛器，是四川大部分地区民间对一种比碗大，形状像盆，圆口、深腹、平底的陶制器具的俗称。而钵钵鸡，最初是用陶钵盛放配有麻辣为主的佐料，加上多种调味料的去骨鸡片拌和而成，如邛崃钵钵鸡就是将煮熟、晾冷、切片、拌好调味料的凉拌鸡片或鸡块放在陶钵内的。但是，后来各地有所变化，如乐山、眉山等地的钵钵鸡，虽然主体仍然为凉拌鸡，但形式已变，其熟鸡肉用竹签串好后再浸入麻辣味汁中，同时也将青笋，鲜藕等蔬菜制熟后放入麻辣味汁食用。如今，一些地方的钵钵鸡在食材选用中已经没有鸡肉，其他食材和味汁，呈现形式皆不变，仍然称作“钵钵鸡”。

1. 原辅材料

菜籽油、辣椒、芝麻、芝麻油、葱、生姜、香菜、香辛料、鸡精、味精、食用盐、白糖等

2. 工艺流程

钵钵鸡调味料制作的工艺流程为：

油料包：菜籽油、辣椒、芝麻油、葱、生姜、香菜等→炒制→包装→检验→成品

粉料包：鸡精、味精、食用盐、白糖→粉碎混匀→包装→检验→成品

芝麻包：芝麻→包装→检验→成品

3. 操作要点

（1）将辣椒、芝麻、芝麻油、葱、生姜、香菜等加入菜籽油中炒香，但不能焦煳，过滤固形物后进行包装，制成油料包。

（2）鸡精、味精、食用盐、白糖粉碎混匀后进行包装，制成粉料包。

（3）芝麻按要求称量包装，制成芝麻包。

4. 质量要求

成品味道鲜香麻辣。

5. 钵钵鸡调味料的应用

食材配方

仔公鸡1只（约1500g），姜片、葱节各50g，青笋、藕片、海带等多种食材750g，钵钵鸡调味料180g（油料包120g、调味料包45g、芝麻包15g）。

操作步骤

（1）锅置火上，加水和仔公鸡、姜片、葱节，大火煮沸，煮至刚熟关闭火源，浸泡后捞起，入冰水中晾凉，片成薄片。

（2）锅置火上，加水烧沸，放入青笋、藕片、海带等（可根据自己喜好调整）食材，焯至断生捞出。

（3）取一容器，倒入500mL凉开水或纯净水，加入钵钵鸡调味料拌匀，加入串好的鸡肉片、青笋、藕片等食材，浸泡30min左右即可。

成菜特点

荤素搭配，味道鲜香麻辣。

第三节 | 川菜创新复合调味料的研发及运用

一、川菜创新复合调味料概述

俗话说“味在四川”。川菜变化多端的风味主要源于复合味型的运用，而这是由数种，甚至十余种基本调味料复合调制而成。但是，由于川菜使用的调味料繁多，导致烹调难度大、耗时长、操作繁复，在一定程度上制约了川菜菜品的品质稳定和快速复制扩张。如今，不仅川菜企业要求其在生产、服务、销售过程中的规模效益和品质稳定保证，现代家庭也对调味料的方便快捷提出了更高要求，而随着各地烹调技术的相互交流以及众多中外调味料的大量涌入，川菜及其调味品业界等为了适应日益增长的新需求，在调味品研发上大胆探索，促使川菜复合调味料不断创新。可以说，川菜创新复合调味料的标准化研究及产业化一直在持续不断地进行之中，特别是川菜特色复合调味料的标准化与产业化。

如今，调味品生产企业、相关科研院所、高校、食品添加剂生产及销售企业等都在川菜创新复合调味料的标准化研究及产业化上加大了研发投入力度，创新研制出许多针对川菜调味的新复合调味料。由四川旅游学院作为主要单位、相关调味品企业合作开展的“川菜特色复合调味料的标准化研究及产业化示范”就是其中之一。该项目是以川菜传统烹饪技术及原理为基础，结合食品科学与工程的研究方法，确定相应的技术路线，对川菜特色复合调味料的标准化及产业化进行研究，研究内容主要涉及川菜特色复合调味料的配方、加工工艺等方面，所研发的品种有十余个，主要包括通用预制复合调味料、专用菜品复合调味料两大类。这些产品都是以标准化、工业化、产业化为前提和目的，不仅力求最大限度地保持川菜特色味型风味特点，也为川菜新菜品的创制提供一定的物质基础。

川菜创新复合调味料的标准化和产业化研究技术路线见下图：

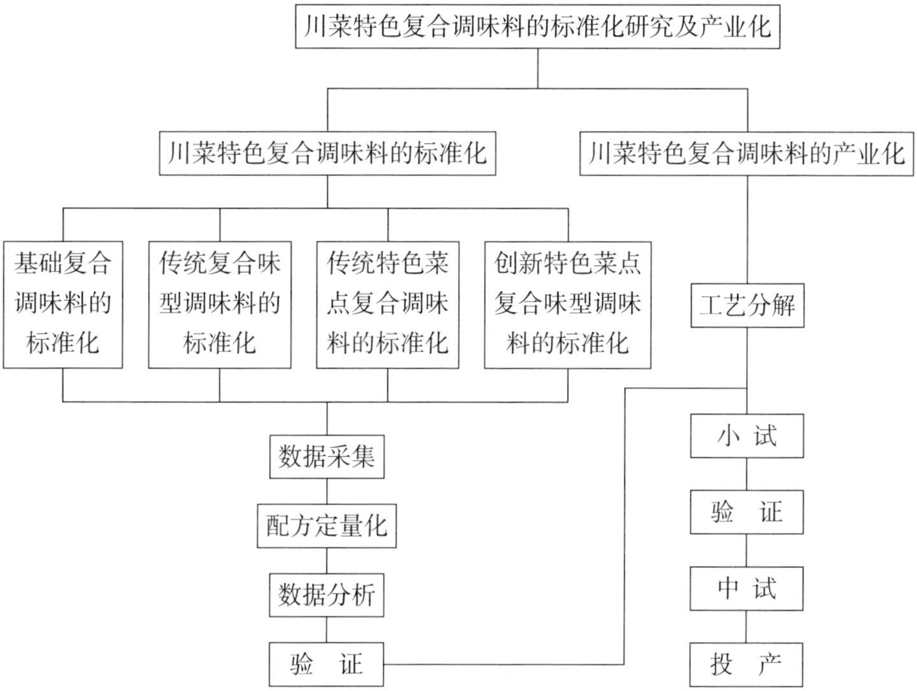

川菜创新复合调味料的研发是以川菜烹饪技术及原理为基础，由专业烹饪团队现场制作，最大限度地呈现应有的风味特点。其标准化研究主要包括两个方面：

第一，川菜特色复合调味料配方的标准化研究。此研究以川菜烹饪技术及原理为基础，由专业烹饪团队现场制作复合调味料，最大限度地呈现其应有的风味特点；由专业人员采集相关基础数据，结合现代食品工业加工技术，对复合调味料的基础数据分别进行放大试验，并对数据进行分析和验证，确定相应配方的基础数据。然后，以产品稳定性、产品保质期、风味特色等为评价指标，通过小试、中试对产品的基础配方进一步优化，确定其规模化、工业化生产标准配方。

第二，川菜特色复合调味料加工工艺的标准化研究。此研究以食品科学及食品加工工艺为基础，将川菜特色复合调味料的工业化加工工艺主要分为三类，即炒制型、熬煮型和调配型，其生产工艺流程如下。

炒制型川菜创新复合调味料生产工艺流程：

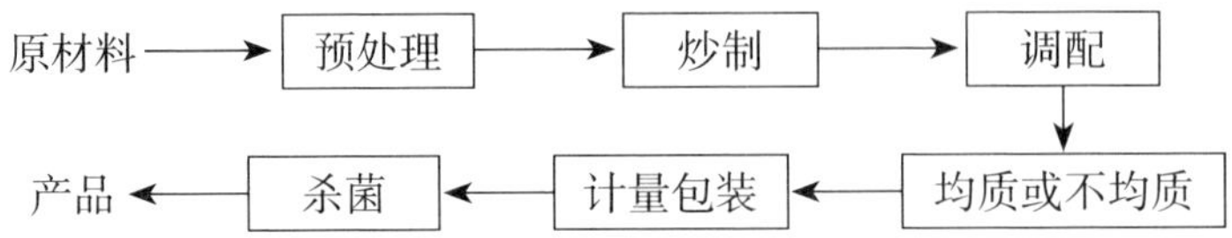

熬煮型川菜创新复合调味料生产工艺流程：

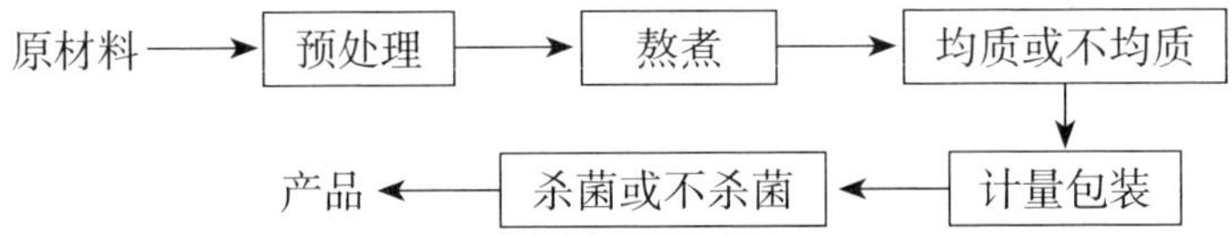

调配型川菜创新复合调味料生产工艺流程：

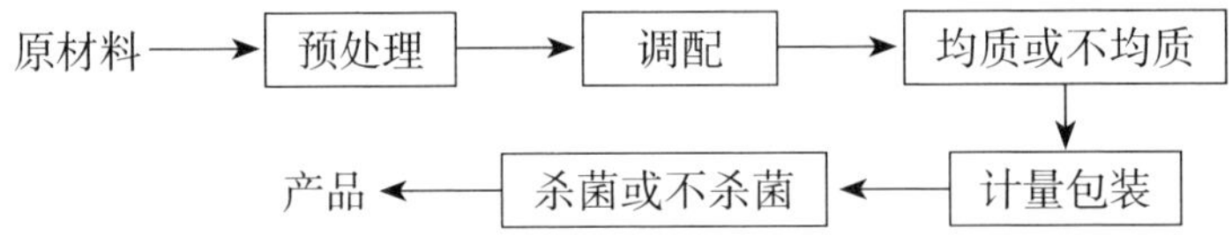

以下按照川菜通用预制复合调味料、川菜专用菜品复合调味料两大类，列举其中一些处于研发的川菜创新复合调味料，并选择其中三个品种的研发及运用进行论证和阐述。

二、川菜通用预制复合调味料研发及运用

川菜通用预制复合调味料的研发主要针对川菜的复合味型以及通用复合酱（汁、粉），其部分创新产品见表6。这里以作者所承担的“川菜特色复合调味料的标准化研究及产业化示范”项目研发成果之一——鱼香味型蘸酱为例，阐述川菜预制复合调味料研发及烹调运用。

表6 川菜通用预制复合调味料研发一览表

产品名称	产品配方	产品图片示例
鱼香蘸酱	植物油、郫县豆瓣、泡辣椒、白糖、大葱、大蒜、生姜、味精、柠檬酸、山梨酸钾	
豆豉辣椒酱	植物油、豆豉（大豆、水、食用盐、小麦粉、白酒、香辛料）、辣椒、鸡肉、郫县豆瓣、紫苏籽、白糖、香辛料、调和芝麻油（植物油、芝麻油）、白酒、花椒、谷氨酸钠、山梨酸钾	
怪味汁	辣椒油（植物油、辣椒）、芝麻酱、醋、白糖、酱油、白芝麻、芝麻油、花椒粉、食盐、味精	
陈皮牛肉酱	植物油、豆豉、陈皮、白糖、干辣椒、郫县豆瓣、花椒、香辛料、芝麻油、白酒、鸡骨浸膏、谷氨酸钠、山梨酸钾	
复制酱油（红油水饺专用）	酱油、白糖、红糖、水、香辛料、花椒	

续表

产品名称	产品配方	产品图片示例
复制酱油（甜水面专用）	酱油、红糖、白糖、水、香辛料、花椒	
豆瓣牛肉酱	植物油、豆豉、辣椒、牛肉、郫县豆瓣、白糖、香辛料、调和芝麻油（植物油、芝麻油）、白酒、花椒、谷氨酸钠、山梨酸钾	

（一）鱼香蘸酱的研制

鱼香味型，是川菜著名的传统味型之一。成品的鱼香味不是来自“鱼”，而是由泡辣椒、姜、葱、蒜、糖等调味品烹调而成。该烹调方法源自于四川民间的特色烹鱼调味法，如今已广泛用于川菜的各色菜品中，具有酸、甜、咸、辣、鲜、香和浓郁的姜、葱、蒜味的特色，味感醇厚不燥。目前，已研发和工业化生产的是专用的鱼香肉丝调料，还没有一种通用预制的鱼香味蘸酱来调味或佐食。在此对鱼香蘸酱生产工艺进行研究并对其配方实施标准化，以生产一种通用的方便型鱼香蘸酱。

1. 原辅材料

郫县豆瓣（红油豆瓣）、植物油、泡辣椒、生姜 、大蒜、大葱、白糖、味精、食用油、柠檬酸。

2. 工艺流程

鱼香蘸酱制作的工艺流程为：

原料→预处理→炒制→均质→杀菌→检验→成品

3. 操作要点

1）原料预处理

将泡辣椒、生姜清洗后切碎备用；大葱去除根部不可食部分，洗后切碎备用；大蒜去皮，洗后切碎备用。

2）炒制

将食用油加热至115~120℃后加入豆瓣炒制10~12min，炒制温度保持在110~120℃；然后，加入泡辣椒炒制3~5min，加入葱、姜、蒜炒制1~2min，加入清水煮沸，加入白糖、味精和柠檬酸调味。

3）均质

加入山梨酸钾采用胶体磨均质1~2次，细度为4 μm，使产品中的固形微粒化，缩小两相比重差，有利于产品稳定。

4）灌装、灭菌

将均质后的酱体进行灌装，包装材料采用玻璃瓶，50g/瓶。杀菌温度为90℃，杀菌时间25min。

4. 实验设计

调制此蘸酱时豆瓣用量应相对较大，但不能掩盖了泡辣椒的鲜味；豆瓣决定咸味和酱香味；白糖和柠檬酸的用量决定鱼香蘸酱的甜酸味；泡辣椒决定鱼香蘸酱的辣味并辅助调节其酸味，让酸味更为复合；味精提鲜；食用油、清水、姜、葱 、蒜应满足蘸酱调味的需要。烹制出的鱼香味应“味道醇厚、咸酸甜辣兼而有之，姜 、葱、蒜香味适度”。

从上述调制机理可以看出，影响此蘸酱质量及风味的主要是豆瓣、泡辣椒、白糖、柠檬酸、味精、姜 、葱、蒜这8种用量。

1）鱼香蘸酱质量品评

组织评分小组 12人。打分法主要对鱼香蘸酱的感官特性、热稳定性及黏度进行评比打分。感官评定主要从产品的色泽、气味和口感三个方面对产品进行评定。鱼香蘸酱质量评价细则见表7。

表7 鱼香蘸酱质量评价标准表

色泽/30分	气味/30分	口感/40分
橙红、鲜亮（20~30）	香气浓郁、鱼香味醇厚、整体气味协调（20~30）	口感较好、咸鲜酸甜辣兼而有之、味感醇厚不燥（25~40）
橙红、光泽度差（10~19）	香味较淡、鱼香味不够醇厚（10~19）	口感一般、口味基本调和（15~24）
橘黄、暗淡（1~9）	无鱼香味、豆瓣酱香味突出、整体风味不协调（1~9）	豆瓣味较重、酸、甜、辣味感不明显（1~14）

本产品配方中的食用油及清水根据烹饪经验及预项目确定其添加量，经预实验确定其添加比例为食用油50%、清水35%（质量比，以红油豆瓣和泡辣椒的质量和为100%）；本产品的呈味特点为“鱼香味醇厚、咸鲜酸甜辣兼而有之，姜、葱、蒜香味适度的复合味”且烹饪过程中姜、葱、蒜在同一时间点同时加入炒制，根据烹饪经验及预项目确定常规调料姜、葱、蒜三者的质量配比为姜米：蒜米：葱=1：3：5。

因此，在预项目的基础上，本文主要对产品影响较大的5个因素进行研究：红油豆瓣和泡辣椒配比、白糖添加量、姜葱蒜添加量、柠檬酸添加量、味精添加量。

2）红油豆瓣、泡辣椒添加量对鱼香蘸酱风味的影响

鱼香蘸酱中红油豆瓣和泡辣椒含量的多少不仅影响鱼香蘸酱的色泽，而且直接影响鱼香蘸酱的香味及口感，本文以红油豆瓣和泡辣椒的质量和为100%，此处研究红油豆瓣和泡辣椒的质量比对产品质量的影响，结果见图2。其他影响因素的添加量为：白糖40% 、姜葱蒜45%、柠檬酸0.6%、味精2.0%、食用油50%、清水35%。

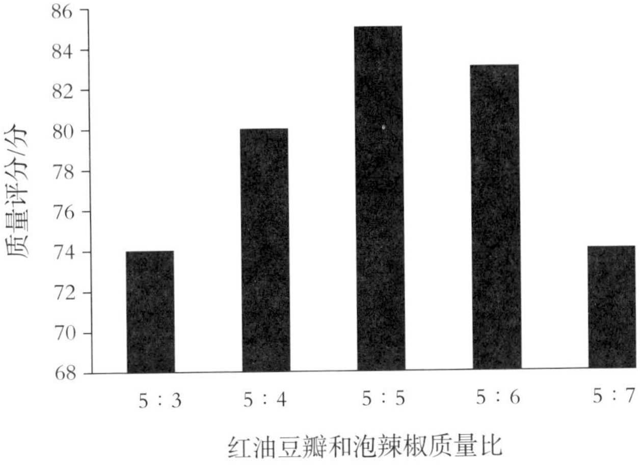

图2 红油豆瓣和泡辣椒质量比对产品质量的影响

由图2可知，红油豆瓣和泡辣椒的质量比对产品的质量影响很大，红油豆瓣的质量比偏低时产品酸辣味过重；红油豆瓣的质量比偏高时，产品的酱香味遮盖了酸甜味，且咸味过重；当红油豆瓣和泡辣椒的质量比为5：5时，产品的口感适宜，色泽鲜亮。

3）白糖、姜葱蒜添加量对鱼香蘸酱风味的影响

白糖对产品的甜味起决定性作用，而姜葱蒜让产品的味道更为复合、醇厚。其单因素设计见表8，结果见图3。

表8 单因素项目设计表

因素	水平	条件
白糖添加量	30%、40%、50%、60%、70%	红油豆瓣和泡辣椒的质量比5：5，姜葱蒜45%、柠檬酸0.6%、味精2.0%、食用油50%、清水35%
姜葱蒜添加量	30%、40%、50%、60%、70%	红油豆瓣和泡辣椒的质量比5：5，白糖40%、柠檬酸0.6%、味精2.0%、食用油50%、清水35%

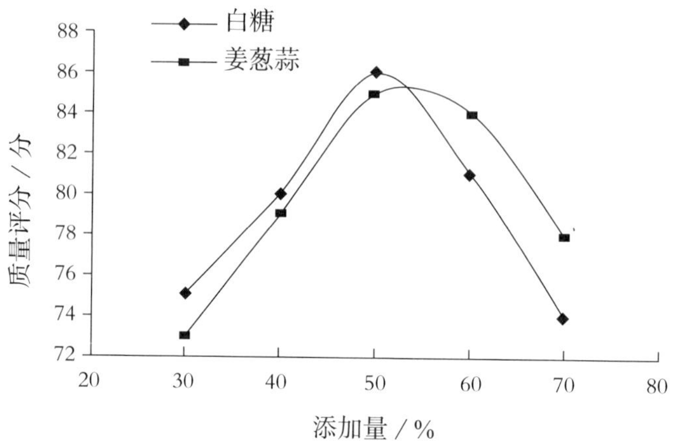

图3　白糖添加量和姜葱蒜添加量对产品质量的影响

由图3可知白糖添加量对产品的质量影响很大，白糖不仅在调味中呈现出甜味，同时对产品的各种味型有调和作用，白糖添加量为50%时，产品的甜度适宜，甜酸味和谐。葱姜蒜的添加量在50%时产品的质量评分较高，在赋予产品姜葱蒜味的同时，让产品的味道更为醇厚。

4）柠檬酸、味精添加量对鱼香蘸酱风味的影响

柠檬酸的添加主要是配合泡辣椒调节产品的酸味，传统工艺选用的是醋，但醋在加工过程中，尤其是在炒制工艺中挥发比较严重，不利于计量，同时也增加了成本，故本项目在标准化生产中选用柠檬酸来调节产品的酸味；味精的添加主要是调节产品的鲜味，和咸味形成咸鲜基础味，其单因素设计见表9，结果见图4。

表9　单因素项目设计表

因素	水平	条件
柠檬酸添加量	0.1%、0.3%、0.5%、0.7%、0.9%	红油豆瓣和泡辣椒的质量比5：5，白糖40%、姜葱蒜45%、味精2%、食用油50%、清水35%
味精添加量	1.5%、1.8%、2.1%、2.4%、2.7%	红油豆瓣和泡辣椒的质量比5：5，白糖40%、柠檬酸0.6%、姜葱蒜45%、食用油50%、清水35%

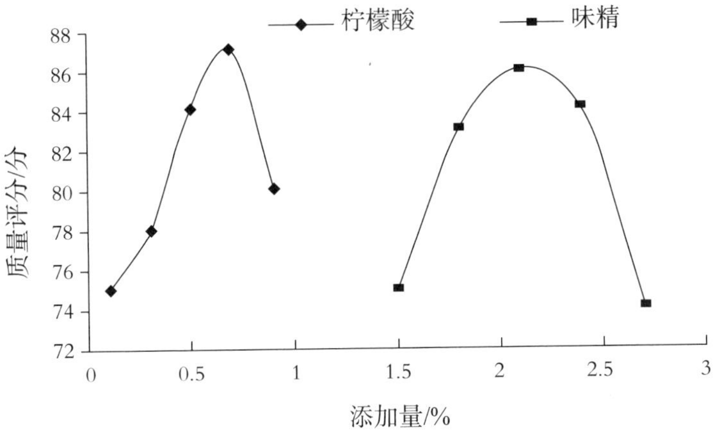

图4 柠檬酸添加量和味精添加量对产品质量的影响

由图4可知，随着柠檬酸或味精添加量的增大，产品的质量评分呈现先升高后下降的趋势，柠檬酸添加量为0.7%时产品的质量评分较高，甜酸味适宜，而味精添加量为2.1%时产品咸鲜味柔和，产品质量评分较高。

5）鱼香蘸酱正交项目结果分析

鱼香蘸酱的炒制中，红油豆瓣和泡辣椒配比、白糖添加量、姜葱蒜添加量、柠檬酸添加量、味精添加量5个因素对鱼香蘸酱的品质都有一定的影响，为全面考察各单因素对蘸酱品质的影响，对蘸酱配方进一步优化，正交项目设计表见表10，项目结果见表11。

表10 正交项目设计表

水平	因素				
	A 红油豆瓣：泡辣椒	B 白糖	C 姜葱蒜	D 柠檬酸	E 味精
1	10：9	45	45	0.6	2.0
2	10：10	50	50	0.7	2.1
3	10：11	55	55	0.8	2.2

表11　正交项目结果

水平	因素					质量评分/分
	A	B	C	D	E	
1	1	1	1	1	1	83.5
2	1	2	2	2	2	85.6
3	1	3	3	3	3	83.8
4	2	1	1	2	2	89.6
5	2	2	2	3	3	87.9
6	2	3	3	1	1	86.7
7	3	1	2	1	3	84.2
8	3	2	3	2	1	84.7
9	3	3	1	3	2	83.7
10	1	1	3	3	2	82.9
11	1	2	1	1	3	84.2
12	1	3	2	2	1	83.0
13	2	1	2	3	1	84.5
14	2	2	3	1	2	86.9
15	2	3	1	2	3	86.0
16	3	1	3	2	3	84.6
17	3	2	1	3	1	84.6
18	3	3	2	1	2	78.7
$K1$	83.83	84.88	85.27	84.03	84.50	
$K2$	86.93	85.65	83.98	85.58	84.57	
$K3$	83.42	83.65	84.93	84.57	85.12	
R	3.52	2.00	1.28	1.55	0.62	

通过比较表9中验5个因素R值大小，发现对鱼香蘸酱影响大小的次序为 $A > B > D > C > E$，最佳组合是：$A_2B_2C_1D_2E_3$。按照正交配方的最佳组合即红油豆瓣和泡辣椒的质量比为10：10，白糖50%，姜葱蒜45%，柠檬酸0.7%，味精2.2%，食用油50%、清水35%（以红油豆瓣和泡辣椒的质量为100%来计算），进行了3次验证项目，第1次验证项目的感官评分为91.2分，第2次验证项目的感官评分为92.1分，第3次验证项目的感官评分为91.8分，3次评分均超过正交项目中的最高得分89.6分。

由项目结果可知，首先，红油豆瓣和泡辣椒配比对鱼香蘸酱的品质影响最大，其配比及炒制的火候直接影响鱼香蘸酱的色泽和辣、咸、酸味感；其次，依次为白糖、柠檬酸、姜葱蒜 ，对鱼香蘸酱的甜酸味感及质地起着决定性作用；而味精对鱼香蘸酱的品质影响最小，在蘸酱中起着和味增鲜的作用。通过正交项目及验证项目证明鱼香蘸酱最优配方为红油豆瓣和泡辣椒的质量比为10:10，白糖50%，姜葱蒜45%，柠檬酸0.7%，味精2.2%，食用油50%、清水35%（以红油豆瓣和泡辣椒的质量为100%来计算）。

（二）鱼香蘸酱的烹调运用

鱼香蘸酱的用途较多，可以用于蔬菜制品、烤肉类制品、炸收菜制品的蘸碟和鱼香味菜品的烹调。

菜例：三丝春卷配鱼香蘸酱

食材配方

春卷皮250g、胡萝卜100g、青笋100g、绿豆芽100g、鱼香蘸酱100g

操作步骤

（1）胡萝卜、青笋洗净、切成细丝；绿豆芽焯水。

（2）春卷皮上放入胡萝卜丝、青笋丝、绿豆芽后卷成圆筒，切去两端，再切成两段，装入盘中，配上鱼香蘸酱即成。

成菜特点

皮薄色白，质地柔韧绵软，味道咸甜酸辣。

三、川菜专用菜品复合调味料的研发及运用

川菜专用复合调味料的研发主要针对川菜的菜肴、面点小吃和火锅，其研发的部分创新产品见表12。这里以作者承担的“川菜特色复合调味料的标准化研究及产业化示范”项目研发成果之陈皮兔丁复合调味料、豆瓣香辣烤肉酱为例，阐述川菜专用菜品复合型调味料的研发及烹调运用。

表12　川菜专用菜品复合调味料研发一览表

产品名称	产品配方	产品图片示例
陈皮兔丁复合调味料	干辣椒、花椒、陈皮、姜、葱、食盐、白糖、味精、料酒、芝麻油、糖色、色拉油	
豆瓣香辣烤肉酱	大蒜、大葱、洋葱、生姜、红油豆瓣、糍粑辣椒、十三香、辣椒粉、胡椒粉、味精、白糖、食用油、山梨酸钾	
豆瓣芝士烤肉酱	郫县豆瓣、黄油、奶油、洋葱、植物油、蒜、香辛料、山梨酸钾	
藤椒牛油火锅底料	食用牛油、植物油、食用盐、味精、豆瓣酱、辣椒、藤椒、白糖、泡姜、牛肉粉调味料、浓香型白酒黄酒、鸡粉、食用香料等	
豆瓣火锅蘸酱	糍粑辣椒、郫县豆瓣、花椒粉、十三香、胡椒粉、姜、葱、蒜、白糖、菜籽油	

（一）陈皮兔丁复合调味料

陈皮兔丁是川菜的一道传统经典菜品，具有色泽棕红、干香滋润、麻辣咸鲜微甜、陈皮味浓郁的特点。它是四川自贡地区的特色传统美食。自贡地区的农村饲养家兔比较普遍，同时柑橘也是其主要农副产品，陈皮在当地广泛用于食品和药品中，因此，将兔子与陈皮合烹而成的陈皮兔丁在当地常见而且非常有名。但是，目前还没有一种专门的陈皮兔丁复合调味料用于烹调。这里对陈皮兔丁调味料的生产工艺进行研究并对其配方进行标准化，以生产一种专用的方便型陈皮兔丁复合调味料，包括腌料包、味料包，不仅可用于陈皮兔丁的烹调，还可以烹调陈皮系列菜肴，如陈皮鸡、陈皮牛肉等。

1. 原辅材料

干辣椒、花椒、陈皮、食盐、白糖、味精、料酒、芝麻油、糖色、色拉油。

2. 工艺流程

陈皮兔丁复合调味料制作的工艺流程为：

原料→预处理→炒制→均质→杀菌→检验→成品

3. 操作要点

（1）干辣椒切成长约1.5cm的节，去掉辣椒籽；陈皮用清水浸泡至软，洗净，切成约2cm见方的片或细末。

（2）锅置火上，放油烧至100℃，放入干辣椒、花椒炒成棕红色，掺入清水，入陈皮、食盐、料酒、白糖、糖色，收汁入味，待汁将干时放入芝麻油、味精炒匀，起锅。

（3）将晾凉后的陈皮兔丁复合调味料称量后装入高温蒸煮袋中，用真空包装机封装。

4. 实验设计

影响陈皮兔丁复合调味料的实验因素有很多，如料酒的添加量、芝麻油添加量、白糖添加量和食盐（用于调味）添加量等常规调料和常规烹饪工艺参数，经预实验确定常规调料如料酒、芝麻油、白糖、食盐（用于调味）等的添加量和常规烹饪工艺参数。

在预实验的基础上，本实验主要研究对陈皮兔丁复合调味料质量影响较大因素；因此本实验主要对糖色、食盐（用于腌制）、陈皮、干辣椒+花椒四种调料进行研究。

1）感官评价分析

选择烹饪专业学生组成评价小组，对产品进行评价打分，并取平均分作为成品的感官评分，评价标准见表13。

表13 感官评价标准

评价内容	评价指标	得分/分
色泽 25分	颜色较淡、上色不均匀	5~10
	颜色略淡、上色较均匀	10~20
	颜色适宜、上色均匀	20~25
	颜色略重、上色均匀	10~20
	颜色重、色泽深浅不一致	5~10
腌制效果 25分	咸味较淡、底味不足、咸味没能渗透到兔肉内	5~10
	咸味略淡、底味略淡、咸味没能完全渗透到兔肉内	10~20
	咸味适宜、底味适中、咸味能完全渗透到兔肉中心	20~25
	咸味略重、口感偏咸、咸味能完全渗透到兔肉中心	10~20
	咸味重、口感咸、咸味完全渗透到兔肉中心	5~10
陈皮风味 25分	陈皮味较淡、无陈皮的芳香味、无苦涩味	5~10
	陈皮味略淡、陈皮的芳香味弱、无苦涩味	10~20
	陈皮味适宜、陈皮的芳香味明显、无苦涩味	20~25
	陈皮味略重、陈皮的芳香味较强、略带苦涩味	10~20
	陈皮味重、陈皮的芳香味强、有苦涩味	5~10

续表

评价内容	评价指标	得分/分
麻辣风味 25分	麻辣味较弱、入口回味无、麻辣味消失快	5~10
	麻辣味略淡、入口回味不长、麻辣味消失较慢	10~20
	麻辣味适宜、入口回味长、麻辣味不易消失	20~25
	麻辣味略重、入口回味长、麻辣味浓、不易消失	10~20
	麻辣味重、入口回味长、麻辣味浓厚、不易消失	5~10

2）糖色添加量的确定

影响成品上色的主要因素是调味收汁时所用糖色的老嫩和用量的多少。通过对传统烹饪陈皮兔丁对糖色的选定和用量的测定，确定选用嫩糖色，用量在传统烹饪的基础上上下浮动一定区间，确定按照兔丁2 000g加入糖色50g、75g、100g、125g、150g进行收汁实验，通过单因素实验发现，用量为100g，成品的色泽最好，得分最高，感官评分为22分。

3）陈皮兔丁复合调味料食盐用量的确定

咸味是影响陈皮兔丁风味的主要因素之一，陈皮兔丁成品的咸味主要由食盐的用量决定，在整个制作工艺流程中添加食盐的地方有两处，一是腌制，二是收汁调味。腌制是兔丁获得基础咸味和去除异味的重要工艺环节，对陈皮兔丁的味感起到至关重要的作用，腌制兔丁的咸度一般控制在成品整体咸度的70%左右为宜。腌制所用的调料有食盐、生姜、大葱、料酒，对产品味道影响最大的主要是食盐，此外，腌制时间的长短也会对腌制结果产生一定的影响。在预实验的基础上分别选取0.5%、1%、1.5%、2%、2.5%的食盐添加量（以兔肉质量为100%来计算）进行单因素实验，预实验感官评定结果见表14。

表14　不同食盐含量对兔肉入味效果的影响

食盐用量/%	0.5	1	1.5	2	2.5
得分/分	18	22	23	21	17

由表14可知，腌制食盐添加量为1.5%时，成品的感官评分较高。腌制时间的长短对兔肉入味效果会产生一定的影响，实验分别采用腌制时间为5min、10min、15min、20min、25min来进行比较，通过预实验发现：当腌制时间为5min时，兔丁内部没有入味；当腌制时间为10min时，咸味没能完全渗透到兔肉内；当腌制时间为15min时，兔丁中心已经入味；当腌制时间为20min、25min时，兔丁中心已经入味，对兔丁入味效果不再产生影响，因此选取15min为腌制时间。

4）陈皮兔丁复合调味料陈皮用量的确定

陈皮是干制的红橘皮，使用量少了无陈皮芳香味，多了有苦涩异味，其用量对成菜风味能产生重大的影响，依据烹饪经验，选取1%、2%、3%、4%、5%的陈皮添加量（以兔肉质量为100%来计算）进行单因素实验，其感官评定结果见表15。

表15　不同陈皮含量对成品风味效果的影响

陈皮用量/%	1	2	3	4	5
得分/分	15	22	24	20	16

由表15可知，陈皮添加量为3%时，成品具有较浓的陈皮芳香味道，无苦涩异味，感官评分较高。

5）陈皮兔丁复合调味料“干辣椒+花椒”用量的确定

“干辣椒+花椒”使用的比例及用量对成菜风味也能产生重大的影响。依据烹饪经验，干辣椒：花椒=3：1时麻辣味的调配符合成品的要求，实验选用2%、3%、4%、5%、6%的“干辣椒+花椒”添加量（以兔肉质量为100%来计算）进行单因素实验，其感官评定结果见表16。

表16　不同“干辣椒+花椒”含量对成品风味效果的影响

干辣椒、花椒用量/%	1	2	3	4	5
得分/分	19	21	23	22	20

由表16可知，“干辣椒+花椒”添加量为3%时，即干辣椒添加量为2.25%、花椒添加量为0.75%时，陈皮兔丁成菜麻辣咸鲜微甜，感官评分较高。

6）正交实验结果

在预实验及色泽、风味单因素实验基础上，选定糖色、食盐（腌制）、陈皮、干辣椒、花椒作为实验对象进行$L_9(3^4)$正交实验，实验设计见表17，其结果见表18。

表17　正交实验因素水平设计

水平	因素			
	*A*糖色/g	*B*食盐（腌制）/%	*C*陈皮/%	*D*干辣椒+花椒/%
1	75	1	2	2
2	100	1.5	3	3
3	125	2	4	4

表18　正交实验结果与分析表

水平	因素				感官综合评分
	*A*糖色	*B*食盐（腌制）	*C*陈皮	*D*干辣椒+花椒	
1	1	1	1	1	81.60
2	1	2	2	2	84.66
3	1	3	3	3	83.64
4	2	1	2	3	93.84
5	2	2	3	1	79.56
6	2	3	1	2	82.62
7	3	1	3	2	79.56
8	3	2	1	3	77.52
9	3	3	2	1	82.62
K_1	249.90	255.00	241.74	243.78	
K_2	256.02	241.74	261.12	246.84	
K_3	239.70	248.88	242.76	255.00	

续表

水平	因素				感官综合评分
	*A*糖色	*B*食盐（腌制）	*C*陈皮	*D*干辣椒+花椒	
k_1	83.30	85.00	80.58	81.26	
k_2	85.34	80.58	87.04	82.28	
k_3	79.90	82.96	80.92	85.00	
R	5.44	4.42	6.46	3.74	

由表18可以看出，对陈皮兔丁影响的主次因素顺序为：$C>A>B>D$，说明陈皮的添加量对制品的品质影响最大，其次是糖色，再次是食盐（腌制），最后是干辣椒和花椒；产品最佳配方为$A_2B_1C_2D_3$。影响陈皮兔丁的实验因素有很多，如料酒的添加量、芝麻油添加量、白糖添加量等常规调味料，本实验经预实验确定常规调味料的添加量，结合正交实验结果，确定出了陈皮兔丁的腌制料配方和调味料配方，分别见表19和表20。

表19　腌制料配方表

食材	百分比/%	食材	百分比/%
食盐	14.3	葱	35.7
姜	21.4	料酒	28.6

表20　炒料配方表

食材	百分比/%	食材	百分比/%
干辣椒	6.7	糖色	11.5
花椒	2.4	芝麻油	3.5
陈皮	6.9	食用油	57.2
食盐	0.9	白糖	1.1
料酒	9.1	味精	0.7

5. 烹调运用菜例：陈皮兔丁

食材配方

兔肉250g、鲜汤300g、陈皮兔丁复合调味料1袋〔腌料包1个（约5g）、味料包1个（约40g）〕、食用油1000g（约耗60g）

操作步骤

①兔肉斩成2cm见方的丁，加入陈皮兔丁复合调味料中的腌料包调味料拌匀，码味15min。

②锅置火上，放油烧至180℃，放入兔丁炸至表面水分略干时捞出；待油温回升至210℃时，再下兔丁炸至外酥内嫩呈浅黄色时捞出。

③锅置火上，放油烧至100℃，放入陈皮兔丁复合调味料中的味料包调料、兔丁炒匀，掺入鲜汤，收汁亮油、起锅，晾凉后装盘。

成菜特点

色泽棕红，咸鲜麻辣，有陈皮的芳香味。

（二）豆瓣香辣烤肉酱

烤是最古老的烹饪方法之一，烤肉也是历史最悠久的名菜之一，时至今日仍受到人们的普遍喜爱。但是，发展至今的烤肉所需调料繁多，各种调料配比讲究，烤制过程也较为烦琐，因此人们在不断探索和创制专用于烤肉的复合调味料，并且已研发和生产出一些产品。这里对豆瓣香辣烤肉酱的生产工艺进行研究并对其配方进行标准化，采用正交试验对豆瓣香辣烤肉酱自动炒制工艺进行数据分析，以生产一种专用的方便型烤肉复合调味料，从而丰富烤肉酱产品类型，满足食客对烤肉酱的不同需求。

1. 原辅材料

大蒜、大葱、洋葱、生姜、郫县豆瓣（红油豆瓣）、糍粑辣椒、十三香、辣椒粉、胡椒粉、味精、白糖、食用油、山梨酸钾

2. 工艺流程

豆瓣香辣烤肉酱制作工艺流程：

原料→预处理→均质→炒制→灌装→产品

3. 操作要点

1）原料预处理

将生姜清洗后用斩拌机斩碎备用；大葱去除根部不可食部分，清洗后用斩拌机斩碎备用；大蒜去皮，清洗后用斩拌机斩碎备用；将洋葱去除老皮及根部不可食部分，洗净后用斩拌机斩碎备用。

2）均质

将斩拌后的葱、姜、蒜、洋葱和红油豆瓣、糍粑辣椒配好后，采用胶体磨均质1~2次，细度为4μm，使产品中的固形物微粒化，有利于产品稳定。

3）炒制

将称量好的食用油倒入炒锅中，加入均质后的各原料升温炒制，炒制后期加入辣椒粉、胡椒粉、味精、白糖、十三香，炒制结束后加入山梨酸钾拌匀采用正交试验优化香辣烤肉酱的炒制工艺条件。

4）灌装

将出锅后的酱体进行热灌装，灌装温度不低于70℃。

4. 实验设计

预试验表明，影响豆瓣香辣烤肉酱品质的工艺因素有炒制时间、炒制温度、转动频率及十三香添加的顺序。实际生产过程中会尽量简化生产工艺，减少投料次数以便更好地实现连续性、批量化生产；预试验表明，十三香油爆后的香气会更明显，但过早投放会让其香味物质受到影响，十三香的挥发成分和湿存水有明显损失。本试验以豆瓣香辣烤肉酱的综合感官评分为评价指标进行试验设计，单因素试验见表21。

表21　单因素试验设计表

因素	水平	条件
炒制时间/min	40、50、60、70、80	炒制温度100℃、转动频率30r/min、十三香炒制时间5min

续表

因素	水平	条件
炒制温度/℃	70、80、90、100、110	炒制时间55min、转动频率30r/min、十三香炒制时间5min
转动频率/（r/min）	25、30、35、40、45	炒制温度100℃、炒制时间55min、十三香炒制时间5min
十三香炒制时间	60、30、10、4、3、2	炒制温度100℃、炒制时间55min、转动频率30r/min

1）感官质量综合评价

组织评分小组10人，在专业的实验室环境中对样品进行逐一评价，汇总评价结果，取平均值。

评价方法：取200g五花肉片，加入40g烤肉酱，混合均匀，腌制50min；设置烤箱温度170℃，将腌制好的五花肉片平铺于烤盘上，烤制10min；品尝其香味、滋味、口感均匀度。感官评分标准见表22。

表22　香辣烤肉酱感官评价评分标准

指标			
色泽/25分	气味/25分	滋味/25分	口感均匀度/25分
橘黄色、有光泽（20~25）	香气浓郁、香辣味明显、具有烤肉酱固有的香味、整体气味协调（20~25）	整体风味好、香辣味适中、咸淡适中（20~25）	酱体味道均匀度好（20~25）
黄灰色、略偏暗、光泽度差（10~19）	香味较淡、香辣味较淡（10~19）	口感一般、口味基本调和（10~19）	酱体味道均匀度一般（10~19）
黑褐色、暗淡（1~9）	香气不浓郁、香辣味不明显、整体风味不协调1~9）	生豆瓣味较重、香辣味不明显、整体风味较差1~9）	酱体味道均匀度差（1~9）

2）炒制温度对豆瓣香辣烤肉酱感官评价的影响

目前市面上销售的烤肉酱多为调配熬煮型，且多未采用豆瓣酱作为原料，口感上略显单薄，香味也不够醇厚。本试验选用郫县豆瓣作为主要原料之一，而炒制会让郫县豆瓣的脂溶性香味物质充分溶出，且炒制过程中会产生一些令人愉悦的香味物质。

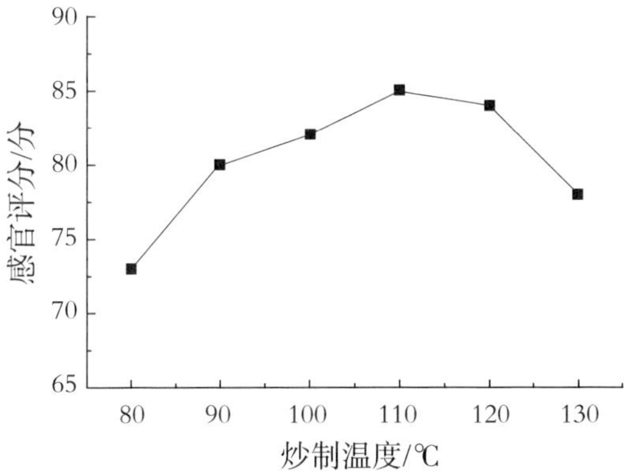

图5 炒制温度对产品感官评分的影响

由图5可知炒制温度对产品的质量影响很大，炒制温度过低，产品生豆瓣味很重；炒制温度偏高时，产品香味偏淡，产品的酱香味遮盖了香辣味；当炒制温度为110℃时，产品的香辣味、酱香味协调，色泽红亮。

3）炒制时间对豆瓣香辣烤肉酱感官评价的影响

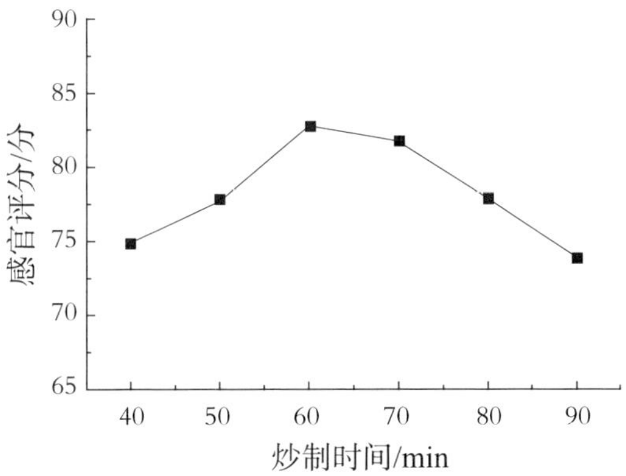

图6 炒制时间对产品感官评分的影响

由图6可知炒制时间偏短时，产品香味不够浓郁；炒制时间偏长时，产品的香味物质挥发过多，香味也不足；当炒制时间为60min时，产品的香味浓郁，辣味适宜，色泽红亮。

4）转动频率对豆瓣香辣烤肉酱感官评价的影响

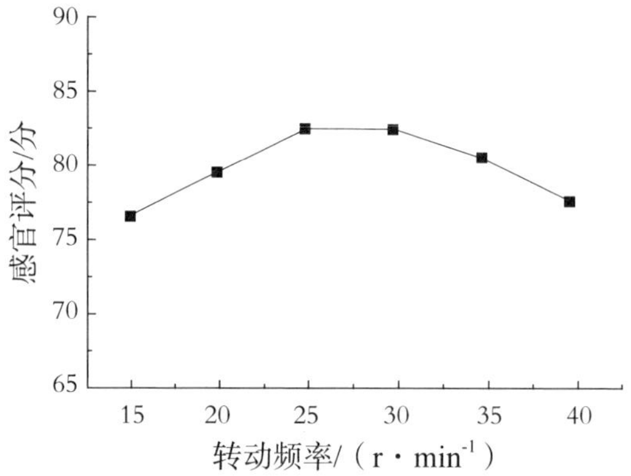

图7　转动频率对产品感官评分的影响

由图7可知炒制时，机械手的转动频率对产品的质量有一定的影响。转动频率偏慢时，产品的均匀度不够；转动频率偏快时，产品的风味不够突出；当转动频率为25r/min时，产品的均匀度较好，口感适宜。

5）十三香炒制时间对豆瓣香辣烤肉酱感官评价的影响

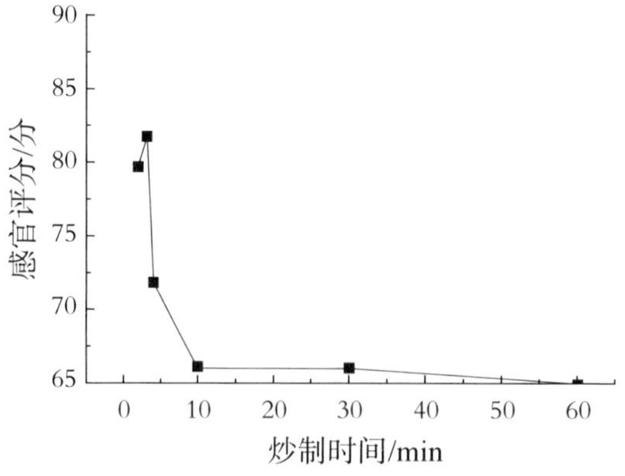

图8　炒制时间对产品感官评分的影响

由图8可知十三香的炒制时间直接影响了产品的风味，十三香经过一定时间的炒制，风味更加突出，让产品的味感层次更为丰富；十三香炒制时间为3min时，产品的香味突出，口感较佳。

6）豆瓣香辣烤肉酱关键工艺参数正交试验结果分析

在豆瓣香辣烤肉酱的炒制中，炒制温度、炒制时间、转动频率和十三香炒制时间四个因素对豆瓣香辣烤肉酱的品质都有一定的影响，为更全面地考察各单因素对豆瓣香辣烤肉酱品质的影响，对豆瓣香辣烤肉酱配方进一步优化，本试验采用*L*9（34）正交表，通过试验结果分析确定豆瓣香辣烤肉酱的最佳工艺参数，正交试验设计见表23，试验结果见表24。

表23　正交试验设计表

水平	因素			
	A 炒制温度/℃	*B* 炒制时间/min	*C* 转动频率 /（$r\cdot min^{-1}$）	*D* 十三香炒制时间/min
1	105	55	20	2
2	110	60	25	3
3	115	65	30	4

表24　正交试验结果

试验号	因素				总分/分
	A 炒制温度 /℃	*B* 炒制时间 /min	*C* 转动频率 /（$r\cdot min^{-1}$）	*D* 十三香炒制时间 /min	
1	1	1	1	1	81.75
2	1	2	2	2	87.20
3	1	3	3	3	80.66

续表

试验号	因素				总分/分
	A 炒制温度 /℃	B 炒制时间 /min	C 转动频率 /（r·min^{-1}）	D 十三香炒制时间 /min	
4	2	1	2	3	86.11
5	2	2	3	1	90.47
6	2	3	1	2	87.20
7	3	1	3	2	80.66
8	3	2	1	3	87.20
9	3	3	2	1	81.75
$K1$	83.20	82.84	85.38	84.66	
$K2$	87.93	88.29	85.02	85.02	
$K3$	83.20	83.20	83.93	84.66	
R	4.73	5.45	1.45	0.36	

通过比较表24中验4个因素R值大小，发现对豆瓣香辣烤肉酱影响大小的次序为 $B > A > C > D$，最佳组合是：$A_2B_2C_1D_2$，即炒制温度为110℃，炒制时间60min，转动频率20r/min，十三香炒制时间3min。

按照正交配方的最佳组合，进行了3次验证试验，加工制得的豆瓣香辣烤肉酱感官评分平均分为92.3分，证明试验结果可靠，在此条件下加工生产的豆瓣香辣烤肉酱感官品质较佳。

由试验结果可知，首先，炒制时间对豆瓣香辣烤肉酱的品质影响最大，同时也在一定程度上决定了产品的生产效率；炒制温度比对豆瓣香辣烤肉酱的品质影响次之；其次，依次为转动频率和十三香炒制时间。通过正交试验及验证试验证明香辣烤肉酱最优加工工艺参数为：炒制温度为110℃，炒制时间60min，转动频率20r/min，十三香炒制时间3min。

5. 烹调运用

菜例：豆瓣香辣烤鱼条

食材配方

鲤鱼1尾（约750g）、豆瓣香辣烤肉酱40g、熟芝麻3g、熟花生碎10g、香菜碎10g

操作步骤

①鲤鱼经初加工后洗净，横切成长8cm、宽2cm的条，加入豆瓣香辣烤肉酱拌匀，码味30min。

②烤箱预热至200℃、湿度调节至25%，放入鱼条烤制12 min至成熟，取出后装盘，撒上熟芝麻、熟花生碎、香菜碎即成。

成菜特点

色泽红亮，质地酥香，味道咸鲜麻辣。

参考文献

[1] 李劼人.李劼人全集[M]. 成都：四川文艺出版社，2011.

[2] SB/T 11192—2017辣椒油[S]. 北京：中华人民共和国商务部，2017.

[3] 鲁肇元，杨立苹，李月. 复合调味料及其产品开发[J]. 中国酿造，2004（3）：1-5.

[4] 杜莉，卢一，陈祖明，等. 川菜特色复合调味料的标准化研究及产业化示范[Z]，2018.

[5] 陈祖明，杜莉，陈丽兰. 鱼香蘸酱生产工艺及其稳定性的研究[J]. 中国调味品，2017，42（12）：106-110.

[6] 杜莉，陈祖明，陈丽兰. 方便型香辣烤肉酱的研制[J]. 中国调味品，2017，42（10）：89-93.

[7] 陈祖明，詹淞丞，陈丽兰. 陈皮兔丁产业化制作工艺研究[J]. 四川旅游学院学报，2017（02）：16-19.

主要参考文献

一、书籍类

[1]（汉）许慎. 说文解字[M]. 北京：中国书店，1989.
[2]（汉）刘熙. 释名[M]. 北京：中华书局，1985.
[3]（汉）杨孚. 异物志[M]. 北京：中华书局，19856.
[4]（汉）史游. 急就篇[M]. 长沙：岳麓书社，1989.
[5]（汉）崔寔. 四民月令校注[M]. 石声汉，注释. 北京：中华书局，2013.
[6]（晋）常璩. 华阳国志校注[M]. 刘琳，校注. 成都：巴蜀书社，1984.
[7]（晋）张华. 博物志校正[M]. 范宁，校正. 北京：中华书局，1980.
[8]（北魏）贾思勰. 齐民要术（饮食部分）[M]. 石声汉，今释. 北京：中国商业出版社，1984.
[9]（唐）韩鄂. 四时纂要[M]. 北京：农业出版社，1981.
[10]（唐）冯贽. 云仙杂记[M]. 北京：中华书局，1985.
[11]（唐）段成式. 酉阳杂俎[M]. 方南生，点校. 北京：中华书局，1981.
[12]（宋）苏轼. 苏轼文集编年笺注[M]. 李之亮，笺注. 成都：巴蜀书社，2011.
[13]（宋）陆游. 陆游全集校注[M]. 涂小马，校注. 杭州：浙江教育出版社，2011.
[14]（宋）范成大. 范成大笔记六种[M]. 孔凡礼，点校. 北京：中华书局，2003.
[15]（宋）吴曾. 能改斋漫录[M]. 上海：上海古籍出版社，1960.
[16]（宋）曹学佺. 蜀中广记·外六種2[M]. 上海：上海古籍出版社，1993.
[17]（宋）李昉，扈蒙，徐铉，等. 太平广记[M]. 北京：中华书局，1961.
[18]（宋）李昉等. 太平御览[M]. 北京：中华书局，1960.
[19]（宋）陈元靓. 事林广记[M]. 南京：江苏人民出版社，2011.
[20]（宋）乐史. 太平寰宇记[M]. 王文楚，校. 北京：中华书局，2007.
[21]（宋）宋祁. 益部方物略记[M]. 北京：中华书局，1985.
[22]（宋）陶谷. 清异录[M]. 李益民，王明德，王子辉，注释. 北京：中国商业出版社，1985.
[23]（宋）浦江吴氏. 吴氏中馈录[M]. 孙世增，唐艮，注释. 北京：中国商业出版社，1987.
[24]（宋）林洪. 山家清供[M]. 乌克，注释. 北京：中国商业出版社，1985.
[25]（元）无名氏. 居家必用事类全集[M]. 邱庞同，注释. 北京：中国商业出版社，1986.
[26]（元）韩奕. 易牙遗意[M]. 邱庞同，注释. 北京：中国商业出版社，1984.
[27]（元）倪瓒. 云林堂饮食制度集[M]. 邱庞同，注释. 北京：中国商业出版社，1984.
[28]（元）忽思慧. 饮膳正要[M]. 刘玉书，点校. 北京：人民卫生出版社，1986.

[29]（明）邝璠．便民图纂[M]．北京：农业出版社，1959.
[30]（明）李时珍．本草纲目[M]．刘衡如，点校．北京：人民卫生出版社，1982.
[31]（明）高濂．遵生八笺[M]．兰州：甘肃文化出版社，2004.
[32]（明）宋诩．宋氏养生部（饮食部分）[M]．陶文台，注释．北京：中国商业出版社，1989.
[33]（清）阮元．十三经注疏[M]．北京：中国书局，1982.
[34]（清）徐松辑．宋会要辑稿[M]．北京：中华书局，1997.
[35]（清）袁枚．随园食单[M]．北京：中国商业出版社，1984.
[36]（清）朱彝尊．食宪鸿秘[M]．邱庞同，注释．北京：中国商业出版社，1985.
[37]（清）黄云鹄．粥谱（二种）[M]．邱庞同，注释．北京：中国商业出版社，1986.
[38]（清）童岳荐．调鼎集[M]．张延年，校注．郑州：中州古籍出版社，1988.
[39]（清）李化楠手抄．李调元编纂．醒园录[M]．北京：中国商业出版社，1984.
[40]（清）曾懿．中馈录[M]．北京：中国商业出版社，1984.
[41]（清）佚名．筵款丰馐依样调鼎新录[M]．胡廉泉，注释．北京：中国商业出版社，1987.
[42]（清）徐珂．清稗类钞[M]．北京：中华书局，2003.
[43]（清）赵学敏．本草纲目拾遗[M]．北京：中国中医药出版社，2007.
[44]（清）傅崇钜．成都通览[M]．成都：巴蜀书社，1987.
[45]（清）徐心余．蜀游闻见录[M]．成都：四川人民出版社，1985.
[46]林志茂，谢襄力．民国三台县志[M]．成都：巴蜀书社，2017.
[47]林孔翼．成都竹枝词[M]．成都：四川人民出版社，1986.
[48]林孔翼，沙铭璞．四川竹枝词[M]．成都：四川人民出版社，1989.
[49]任乃强．四川上古史新探[M]．成都：四川人民出版社，1988.
[50]张富儒，熊四智，胡廉泉，等．川菜烹饪事典[M]．重庆：重庆出版社，1984.
[51]罗长松．中国烹调工艺学[M]．北京：中国商业出版社，1990.
[52]马素繁．川菜烹调技术[M]．成都：四川教育出版社，2009.
[53]邓开荣，陈小林．川菜厨艺大全[M]．重庆：重庆出版社，2007.
[54]李新．四川省志·川菜志[M]．北京：方志出版社，2016.
[55]李劼人．李劼人全集[M]．成都：四川文艺出版社，2011.
[56]熊四智．中国饮食诗文大典[M]．青岛：青岛出版社，1995.
[57]陈学智．中国烹饪文化大典[M]．杭州：浙江大学出版社，2011.

［58］四川省郫县志编纂委员会. 郫县志[M]. 成都：四川人民出版社，1989.
［59］李卫星，李典军. 珍珠流淌 长江流域的物产宝藏[M]. 武汉：长江出版社，2014.

二、标准、论文及其他类

［1］全国食品工业标准化技术委员会. 调味品分类：GB/ T 20903— 2007［S］. 北京：中国标准出版社，2007.
［2］国家市场监督管理总局，国家卫生健康委员会. 食品安全国家标准 复合调味料：GB 31644-2018［S］. 北京：中华人民共和国国家卫生健康委员会，国家市场监督管理局，2018.
［3］中华人民共和国商务部. 国内贸易行业标准 川菜烹饪工艺: SB/T 10946-2012［S］. 北京：中华人民共和国商务部，中国标准出版社，2013.
［4］中华人民共和国商务部，国内贸易行业标准 辣椒油:SB/T 11192-2017［S］. 北京：中华人民共和国商务部，2017.
［5］四川省商务厅. 中国川菜烹饪工艺规范：DB51/T 1419-2011［S］. 成都：四川省质量技术监督局，2011.
［6］江玉祥，蜀椒考——川味杂考之三 [J]，中华文化论坛，2001，（3）:25.
［7］李日强，胡椒贸易与明代日常生活[J]，云南社会科学，2010（1）：127-131.
［8］吴松弟，宋代以来四川的人群变迁与辛味调料的改变[J]，河南大学学报（社会科学版），2010，(1)：93-94.
［9］张茜，甜味调味品与川菜的风味特点——兼论四川地区嗜甜的饮食风俗［J］，中国调味品，2015（12）：136-140.
［10］刘文君，调味的基本原理和方法[J]，中国调味品，2003（9）：35—37.
［11］杨育才，王桂瑛，谷大海，等，食盐对鸡汤挥发性风味物质的影响［J］，核农学报，2020（06）：126-134.
［12］鲁肇元，杨立苹，李月，复合调味料及其产品开发[J]，中国酿造，2004（3）：1-5.
［13］陈祖明，杜莉，陈丽兰，等，鱼香蘸酱生产工艺及其稳定性的研究［J］，中国调味品，2017，42(12)：106-110.
［14］杜莉，陈祖明，陈丽兰，等，方便型香辣烤肉酱的研制[J]，中国调味品，2007，42(10)：89-93.
［15］陈祖明，詹淞丞，陈丽兰，等，陈皮兔丁产业化制作工艺研究[J]，四川旅游学院学报，2017(02)：16-19.
［16］杜莉，卢一，陈祖明，等，川菜特色复合调味料的标准化研究及产业化示范［Z］，2018，